Checklisten der Fauna Österreichs, No. 7

Erna AESCHT:

Ciliophora

Herausgegeben von Reinhart Schuster

Serienherausgeber
Hans Winkler & Tod Stuessy

Verlag der
Österreichischen Akademie
der Wissenschaften

ÖAW

Wien 2013

Titelbild: *Nassulopsis elegans* (EHRENBERG, 1833). — Wegen der bunten Färbung und der Reuse (ein aus Mikrotubuli-Stäben aufgebauter Mundtrichter) als Vertreter der Ordnung *Nassulida* zu erkennen. Plasma dicht mit Nahrungsvakuolen gefüllt, deren Farbe sich mit fortschreitender Verdauung der als Nahrung aufgenommenen Cyanobakterien („Blaualgen") von Grün über Violett hin zu Braun ändert (Foto: Hubert BLATTERER).

Layout & technische Bearbeitung: Karin WINDSTEIG

Checklists of the Austrian Fauna, No. 7. Erna AESCHT: Ciliophora.

ISBN 978-3-7001-7550-6, Biosystematics and Ecology Series No. 30, Austrian Academy of Sciences Press; volume editor: Reinhart SCHUSTER, Institute of Zoology, Karl-Franzens-University, Universitätsplatz 2, A-8010 Graz, Austria; series editors: Hans WINKLER, Austrian Academy of Sciences, Dr. Ignaz Seipel-Platz 2, A-1010 Vienna, Austria & Tod STUESSY, Institute of Botany, Department of Systematic and Evolutionary Botany, University of Vienna, Rennweg 14, A-1030 Vienna, Austria.

A publication of the Commission for Interdisciplinary Ecological Studies (KIÖS)

Checklisten der Fauna Österreichs, No. 7. Erna AESCHT: Ciliophora.

ISBN 978-3-7001-7550-6, Biosystematics and Ecology Series No. 30, Verlag der Österreichischen Akademie der Wissenschaften; Bandherausgeber: Reinhart SCHUSTER, Institut für Zoologie, Karl-Franzens-Universität, Universitätsplatz 2, A-8010 Graz, Österreich; Serienherausgeber: Hans WINKLER, Österreichische Akademie der Wissenschaften, Dr. Ignaz Seipel-Platz 2, A-1010 Wien, Österreich & Tod STUESSY, Institut für Botanik, Universität Wien, Rennweg 14, A-1030 Wien, Österreich.

Eine Publikation der Kommission für Interdisziplinäre Ökologische Studien (KIÖS)

Inhalt

Erna AESCHT

Ciliophora

Vorwort

In den bisher erschienenen sechs Lieferungen der CHECKLISTEN DER FAUNA ÖSTERREICHS wurden ausnahmslos vielzellige Wirbellose besprochen. Mit Folge No.7 liegt nun erstmals die Bearbeitung einer Gruppe *einzelliger* Tiere vor. Es geht dabei um die Ciliophora, für die früher der Name Ciliata gebräuchlich war.

Manche fachlich interessierte Leser werden sich ferner fragen, weshalb im Titel des vorliegenden Bandes die bislang generell übliche, übergeordnete Bezeichnung Protozoa ("Einzellige Tiere"), etwa im Sinne eines Tierstammes, nicht vorkommt. Der Grund liegt darin: Das System der Einzeller ist immer noch im Fluss. Neue Forschungsergebnisse, vor allem auf molekulargenetischer Basis, haben nicht nur größere Umstellungen im System, sondern im Zusammenhang damit auch eine Anzahl von Namensänderungen zur Folge. Es ist für die Situation kennzeichnend, dass selbst in gängigen Zoologie-Lehrbüchern zurzeit keine einheitliche systematische Gliederung der Protozoen zu finden ist. Einzelligkeit ist allerdings nicht mehr als Hinweis auf eine enge Verwandtschaft anzusehen. "Protozoa" ist daher nicht mehr der gültige Name einer Verwandtschafts-Gruppe, sondern ist vielmehr als eine Sammelbezeichnung für eine aus z.T. gar nicht näher miteinander verwandten Einzellern anzusehen. Diese Problematik wird einleitend von der Autorin des Bandes im Detail diskutiert.

Für die Zielvorstellungen des Herausgebers ist es außerdem erwähnenswert, dass mit Folge No.7 bereits mehr als 6000 Tierarten in den Checklisten der Tierwelt Österreichs aufgelistet sind!

Reinhart SCHUSTER
Bandherausgeber

Ciliophora

Erna AESCHT

Summary: The number of ciliate records increased from about 3500 included in the "Catalogus Faunae Austriae Ic" of Wilhelm FOISSNER and Ilse FOISSNER in 1988 to actually 74 000, mainly due to huge saprobiological monitoring programs of rivers in Upper Austria from 1992 to 2006. 1033 valid taxa classified at present in 388 genera and 181 families were originally described – 239 of them have been discovered and 138 redescribed with type localities in Austria, which are highlighted for the respective federal state – or reliably recorded corresponding to about 14 %, 26 % and 60 % of the worldwide known species, genera and families, respectively. This corresponds to an increase of valid taxa by about 50 % within 25 years. The overwhelming proportion of ciliate (sub)species belongs to two families, the Oxytrichidae (60) und Vorticellidae (54), however about 48 % of the families are only represented by one or two taxa. According to the updated number of taxa the nine federal states of Austria are ranked as follows: Salzburg (624), Upper Austria (569), Lower Austria (387), Carinthia (231), Tyrol (215), Burgenland (194), Vienna (159) and Styria (140). No record is known for Vorarlberg. Taxonomic, bibliographic, classificatory and faunistic informations are published in the journal "Beiträge zur Naturkunde Oberösterreichs" 2012 as well as stored and interlinked in the Database of Austrian Ciliates of the Biology Centre Linz. However, the new scenarios are far from approaching completeness as indicated by the 15 species recorded for the first time in Austra since 2012, since in most administrative units the majority of ciliate diversity is still undiscovered.

Zusammenfassung: Die Bestandsaufnahme der Ciliatentaxa Österreichs, erstmals zusammengestellt von Wilhelm FOISSNER und Ilse FOISSNER (1988) im "Catalogus Faunae Austriae Ic", wurde auf den neuesten Stand gebracht. Die Anzahl der Nachweise, ausgehend von circa 3500 im CFA, erhöhte sich auf 74 000, hauptsächlich aufgrund von saprobiologischen Monitoringprogrammen in Fließgewässern Oberösterreichs in den Jahren 1992 bis 2006. Der (Unter)Artenbestand des Stammes Ciliophora in Österreich beträgt derzeit 1033 Taxa eingeteilt in 388 Gattungen und 181 Familien (entsprechend ca. 14 %, 26 %, 60 % der weltweit bekannten Arten, Gattungen und Familien), davon wurden 239 Taxa aus dem Staatsgebiet neu und 138 wiederbeschrieben; die Typuslokalitäten werden bei den einzelnen Bundesländern angeführt. Innerhalb von 25 Jahren kann ein Zuwachs von circa 50 % verzeichnet werden. Die artenreichsten Familien sind die Oxytrichidae und Vorticellidae mit 60 bzw. 54 Arten, circa 48 % der Familien sind mit nur einer oder zwei Arten vertreten. Entsprechend der Anzahl der Taxa reihen sich die Bundesländer wie folgt: Salzburg (624), Oberösterreich (569), Niederösterreich (387), Kärnten (231), Tirol (215), Burgenland (194), Wien (159) und Steiermark (140). Für Vorarlberg liegen keine Nachweise vor. Die taxonomischen, bibliographischen, klassifikatorischen und faunistischen Daten sind in der Zeitschrift "Beiträge zur Naturkunde Oberösterreichs" 2012 publiziert und werden kontinuierlich in der Datenbank der Österreich-Ciliaten am Biologiezentrum Linz zusammengeführt und vernetzt. Auch diese neuen Zusammenfassungen bleiben von einer annähernden Vollständigkeit weit entfernt, wie die großen Differenzen zwischen den Bundesländern und die 15 als neu für Österreich nachgewiesenen Arten seit 2012 belegen.

Key words: phylum Ciliophora, ciliates, Alveolata, Austria, checklist, biodiversity.

I Einleitung

Wimpertierchen? Wer kennt sie, zählt und beschreibt sie? Traditionell zu den Urtieren ("Protozoa") oder tierischen Einzellern ("Protista") gezählt, bilden sie seit 1901 einen eigenen Stamm, Ciliophora, der durch die Kombination von drei Merkmalen (Cortikalstrukturen der Cilien, Kerndualismus und Konjugation) charakterisiert wird (LYNN 2008). Als kernhaltige (eukaryotische) Einzeller zeigen sie weder Gewebe noch Ei- und Samenzellen wie die klassischen mehrzelligen Tiere. Wimpertiere/-chen weckt demnach falsche Assoziationen; Wimperträger wäre die wörtliche Übersetzung von Ciliophora, Wimperlinge eine andere Möglichkeit (diese Bezeichnung geht schon auf Ernst HAECKEL zurück). Ciliata, Ciliatea oder Ciliaten bzw. ciliates in Englisch sind keine wissenschaftlichen Bezeichnungen (mehr), aber als Vernakularnamen weiterhin in Gebrauch. Letzteres gilt auch für die Oberbegriffe Protozoa SIEBOLD, 1845 oder Protista HAECKEL, 1866 und deren umgangssprachliche Entsprechungen Protozoen, "tierische Einzeller", Protisten, protozoans oder protists (siehe Kapitel Literatur). Denn beide "(Unter)Reiche" umfassen polyphyletische Zusammenstellungen höchst unterschiedlicher Taxa sowie paraphyletische Gruppierungen.

Ultrastrukturelle und molekularbiologische Erkenntnisse indizieren drei sehr unterschiedliche Großgruppen der traditionellen Systeme (phytoplanktische Dinoflagellaten oder Panzergeißler, geißellose Sporentiere – obligatorische Endoparasiten – und die heterotrophen Ciliaten) als Monophylum, für das CAVALIER-SMITH 1991 die Bezeichnung Alveolata einführte (vgl. ADL et al. 2012). Namen gebendes Merkmal sind bei den einzelnen Stämmen Dinoflagellata, Apicomplexa und Ciliophora unterschiedlich ausgestaltete flache Vakuolen unter der Zellmembran, sogenannte Alveolen, die bei einigen Arten wieder verloren gegangen sind. Weitere homologe Merkmale könnten die parasomalen Säcke der Ciliophora, die Pusulen der Dinoflagellata und die Mikroporen der Apikomplexa sowie röhrenförmige oder sich flaschenähnlich verjüngende Cristae in den Mitochondrien sein.

Der Stamm Ciliophora umfasst die komplexesten eukaryotischen Einzeller, deren nach außen wie innen hochdifferenzierte Merkmale sich seit den 1930er Jahren mit speziellen Färbemethoden gut darstellen lassen (z.B. FOISSNER et al. 1991, AESCHT 2008, 2010). Dies bedeutet allerdings, dass es im Zeitraum seit ihrer Entdeckung im 18. Jahrhundert bis Mitte des 20. Jahrhunderts wegen methodischer Schwierigkeiten kein konserviertes Typusmaterial gibt. Demnach ist für eine sichere Zuordnung der Art vielfach eine neuerliche Aufsammlung und Wiederbeschreibung erforderlich, die bei weitem noch nicht abgeschlossen ist (AESCHT 2008, 2012). Die Proben sollten in frischem Zustand kurz nach dem Sammeln untersucht werden, denn konserviertes Material ermöglicht in vielen Fällen keine Determination bis zur Art oder nur dann, wenn man viel Erfahrung besitzt und/oder den Artenbestand des zu untersuchenden Biotops bereits kennt. Besonders die/der wenig Erfahrene muß jede Determination mit dem Ölimmersionsobjektiv vornehmen (FOISSNER et al. 1991, BERGER et al. 1997).

Weltweit kursieren Artenzahlen von 3000 bis mehr als 8000 (z.B. BERGER et al. 1997, FINLAY et al. 1996, 1998, FOISSNER et al. 2008, LYNN 2008), aber das ausgeprägte "Undersampling" und die wenigen geübten Taxonomen lassen noch vielmehr erwarten, weil seriöse Schätzungen davon ausgehen, dass erst 10 % beschrieben sind (CHAO et al. 2006, FOISSNER 1999, 2008). Von den bekannten Arten leben ungefähr die Hälfte im Süßwasser und Boden. Die übrigen besiedeln Meere, als Symbionten z.B. den Pansen der Wiederkäuer, als Epibionten z.B. Wasserkäfer und andere Wirbellose oder als Parasiten z.B. Fische. Nur eine Gattung (*Balantidium*) parasitiert im Menschen. Die bedeutende Rolle der Ciliaten bei der Selbstreinigung im Wasser und im Boden – sie die beweiden Bakterien-Populationen und fördern so deren Aktivität – ist unbestritten (CORLISS 2002, BERGER et al., 1997 FOISSNER 2003).

Neben licht- und elektronenmikroskopischen, zeigten auch ökologische und molekularbiologische Untersuchungen, dass Ciliaten und andere Protisten – entgegen "landläufiger" Auffassungen – weder "primitiv" noch überall verbreitet, also Kosmopoliten sind. Viele haben eine komplexe Ökologie und ein Drittel hat eine beschränkte Verbreitung, kommt also nur endemisch vor (COTTERILL et al. 2008, 2013, KREUTZ & FOISSNER 2006, FOISSNER 1999, 2006, 2007, 2008, 2009, FOISSNER et al. 2008, 2012, DUNTHORN et al. 2012).

II Allgemeiner Teil

1. Erforschungsgeschichte und aktueller Forschungsstand

Die Erforschungsgeschichte und Biodiversität der Ciliaten in Österreich ist relativ gut erfasst. Das ist keineswegs selbstverständlich bei einer Gruppe von mikroskopisch kleinen, verborgen lebenden und überdies als methodisch und taxonomisch schwierig verrufenen Organismengruppe, die immer nur von wenigen Spezialisten bis zur Art determiniert werden konnte (FOISSNER et al. 1991, 1992, 1994, 1995, 1999, AESCHT 2001, 2008, AESCHT & BERGER 2008a, b). 1988 haben Wilhelm FOISSNER & Ilse FOISSNER erstmals im Catalogus Faunae Austria den rezenten Artenbestand der Ciliaten (fossile werden auch hier nicht berücksichtigt) für das gesamte Bundesgebiet zusammengestellt (FOISSNER & FOISSNER 1988a, kurz CFA).

Mehr als zwei Jahrzehnte später erscheint es angebracht, die Liste zu ergänzen und nomenklatorisch zu aktualisieren. Dies ist im Vorjahr mit umfassendem räumlichen und zeitlichen Ansatz auf 750 Seiten erfolgt, indem für die gesamte historische und graue Literatur – über 500 Publikationen aus den Jahren 1776 bis 2012 – alle bisherigen Fundorte genannt sowie für Oberösterreich Bezirke und Gemeinden zugeordnet wurden (AESCHT 2012); ausgespart blieben die Klassifikation und Problematica. Die Schwierigkeiten eines solchen Unterfangens werden dort ebenso aufgezeigt wie der – hier erforderlichen – Verknappung der Daten- und Quellenlage abgeholfen. Für alle Details kann demnach auf diese Kompilation verwiesen werden, so sind alle nach 1988 erschienenen bzw. im CFA noch nicht erfassten Arbeiten mit zwei Sternen (**)

Österreich beherbergt 388 Gattungen (gegenüber 257 im CFA), was einer Steigerung um 34 % und einem Anteil von rund 26 % an den derzeit rund 1500 weltweit bekannten entspricht (vgl. AESCHT 2001, JANKOWSKI 2007, LYNN 2008). Für fünf Gattungen (*Colpodidium*, *Cyrtohymena*, *Gastrostyla*, *Tintinnidium*, *Vorticella*) wurde derzeit eine Differenzierung in sechs Untergattungen (ohne nominotypische) vorgeschlagen (vgl. FOISSNER et al. 2002, AGATHA & STRÜDER-KYPKE 2007). Die artenreichsten Gattungen sind *Vorticella* (27), *Urotricha* (19), *Epistylis* (18), *Colpoda* (17) und *Oxytricha* sowie *Spathidium* mit jeweils 16 Taxa. (vgl. AESCHT 2012).

Österreich beherbergt 181 Familien (vgl. AESCHT 2012; im CFA sind 112 genannt), das entspricht 60 % von derzeit rund 300 weltweit bekannten (LYNN 2008, JANKOWSKI 2007 splittet sogar in 440). Bedenkt man, dass darin keine marinen und fossilen enthalten sind und Familien mit vielen Symbionten bei uns kaum untersucht sind, so entspricht das einer beachtlichen Anzahl. Überdies haben 14 Gattungen eine unsichere Stellung (incertae sedis) innerhalb der Gruppen Gonostomatidae (*Circinella*), oxytrichide Dorsomarginalia (*Gastrostyla*, *Kerona*, *Paraurostyla*, *Parentocirrus*, *Territricha*), nicht oxytrichide Dorsomarginalia (*Deviata*, *Erimophrya*, *Hemiurosoma*, *Nudiamphisiella*, *Orthoamphisiella*), Hypotrichia (*Bistichella*) und Colpodea (*Hackenbergia*, *Pseudochlamydonella*). Die artenreichsten Familien sind die Oxytrichidae und Vorticellidae mit 61 bzw. 58 Arten in 19 bzw. 10 Gattungen. Weitere artenreiche Familien sind die Trachelophyllidae (30), Spathidiidae (28), die Chilodonellidae (27), die Epistylididae (25), die Amphisiellidae (22) sowie Colpodidae und Microthoracidae mit jeweils 21 Arten. Allerdings sind 55 Familien mit nur einer Spezies und 29 mit je zwei vertreten, das entspricht 46 %.

Bezüglich der höheren Kategorien bestehen noch viele Ungewissheiten, kenntlich auch an den zahlreichen incertae sedis (vgl. LYNN 2008, BERGER 2008): So hat sich gegenüber 1988 die Anzahl der Klassen verdreifacht, jene der Unterklassen und Ordnungen fast verdoppelt (siehe oben).

Die taxonomischen, bibliografischen, klassifikatorischen und faunistischen Daten werden in der Datenbank der Österreichischen Ciliaten am Biologiezentrum Linz kontinuierlich zusammengeführt und vernetzt werden. Angestrebt wird auch ein Zugang über das Internet (www.zobodat.at).

III Spezieller Teil

Abkürzungen:

CFA   =   Catalogus Faunae Austria (FOISSNER & FOISSNER 1988a)
inc. sed.   =   lateinisch incertae sedis, unsichere Klassifikation

Kürzel der Bundesländer:

B   =   Burgenland
K   =   Kärnten
N   =   Niederösterreich
O   =   Oberösterreich
S   =   Salzburg
St   =   Steiermark
T   =   Tirol
W   =   Wien

1. Liste der in Österreich nachgewiesenen Arten

Stamm CILIOPHORA DOFLEIN, 1901

Unterstamm Postciliodesmatophora
GERASSIMOVA & SERAVIN, 1976

Klasse KARYORELICTEA CORLISS, 1974

Ordnung Loxodida JANKOWSKI, 1978

Familie Loxodidae BÜTSCHLI, 1889

Gattung *Loxodes* EHRENBERG, 1830

Loxodes magnus STOKES, 1887
    O, W

Loxodes rostrum (MÜLLER, 1773) EHRENBERG, 1830
    O, S, T, W

Loxodes striatus (ENGELMANN, 1862) PENARD, 1917
    B, N, O, W

Stentor muelleri EHRENBERG, 1832
  B, N, O, S, T, W

Stentor multiformis (MÜLLER, 1786) EHRENBERG, 1838
  O, T

Stentor niger (MÜLLER, 1773) EHRENBERG, 1831
  N, O, S, W

Stentor pallidus FOISSNER, 1980
  S (locus typicus: Glocknergebiet, Fuschertal)

Stentor polymorphus (MÜLLER, 1773) EHRENBERG, 1830
  B, N, O, S, St, T, W

Stentor roeselii EHRENBERG, 1835
  K, N, O, S, T, W

Unterstamm Intramacronucleata LYNN, 1996

Klasse SPIROTRICHEA BÜTSCHLI, 1889
Unterklasse Phacodiniidia SMALL & LYNN, 1985

Ordnung Phacodiniida SMALL & LYNN, 1985
Familie Phacodiniidae CORLISS, 1979
Gattung *Phacodinium* PROWAZEK, 1900

Phacodinium metchnikoffi (CERTES, 1891) KAHL, 1932
  N, S, St

Unterklasse Hypotrichia STEIN, 1859

Ordnung Plagiotomida ALBARET, 1974
Familie Plagiotomidae BÜTSCHLI, 1889
Gattung *Plagiotoma* DUJARDIN, 1841

Plagiotoma lumbrici (SCHRANK, 1803) DUJARDIN, 1841
  S

Ordnung Stichotrichida SMALL & LYNN, 1985

Familie Amphisiellidae JANKOWSKI, 1979

Gattung *Hemiamphisiella* FOISSNER, 1988

Hemiamphisiella granulifera (FOISSNER, 1987) FOISSNER, 1988
  B

Hemiamphisiella quadrinucleata (FOISSNER, 1984) FOISSNER, 1988
  S (locus typicus: Bad Gastein, Stubnerkogel)

Hemiamphisiella terricola terricola FOISSNER, 1988
  B, N (locus typicus: Bierbaum), O, W

Hemiamphisiella wilberti (FOISSNER, 1982) FOISSNER, 1988
  B, N (locus typicus: Vogelsang bei Grafenwörth), O, S

Gattung *Hemisincirra* HEMBERGER, 1985

Hemisincirra gellerti (FOISSNER, 1982) FOISSNER in BERGER, 2001
  K (locus typicus: Glocknergebiet, Wallackhaus), N, O, S, St, T

Hemisincirra inquieta HEMBERGER, 1985
  N, O, S, St

Hemisincirra interrupta (FOISSNER, 1982) FOISSNER, 1984
  B, K (locus typicus: Glocknergebiet, Wallackhaus), N, S

Hemisincirra wenzeli FOISSNER, 1987
  N

Gattung *Lamtostyla* BUITKAMP, 1977

Lamtostyla decorata FOISSNER, AGATHA & BERGER, 2002
  S

Lamtostyla islandica BERGER & FOISSNER, 1988
  N, S

Lamtostyla perisincirra (HEMBERGER, 1985) BERGER & FOISSNER, 1987
  S (locus [neo]typicus: Bad Hofgastein, Schlossalm), St, T

Gattung *Lamtostylides* BERGER, 2008

Lamtostylides edaphoni (BERGER & FOISSNER, 1987) BERGER, 2008
  N, S (locus typicus: Salzburg Stadtgebiet), St, T

Lamtostylides hyalinus (BERGER, FOISSNER & ADAM, 1984) BERGER, 2008
  N, O, S (locus typicus: Bad Gastein, Stubnerkogel)

Gattung *Mucotrichidium* FOISSNER, OLEKSIV & MÜLLER, 1990

Mucotrichidium hospes (EHRENBERG, 1831) FOISSNER, OLEKSIV & MÜLLER, 1990
  S (locus [neo]typicus: Salzburg, Universität), St, W

Gattung *Paramphisiella* FOISSNER, 1988

Paramphisiella acuta (FOISSNER, 1982) FOISSNER, 1988
  N, O, S (locus typicus: Bad Hofgastein, Schlossalm), St

Paramphisiella caudata (HEMBERGER, 1985) FOISSNER, 1988
  S

Gattung *Terricirra* BERGER & FOISSNER, 1989

Terricirra livida (BERGER & FOISSNER, 1987) BERGER & FOISSNER, 1989
  B, O, W

Terricirra matsusakai BERGER & FOISSNER, 1989
  B, S

Terricirra viridis (FOISSNER, 1982) BERGER & FOISSNER, 1989
  N (locus typicus: Grafenwörth), S

Gattung *Uroleptoides* WENZEL, 1953

Uroleptoides magnigranulosus (FOISSNER, 1988) BERGER, 2008
  N, S

Uroleptoides raptans (BUITKAMP & WILBERT, 1974) HEMBERGER, 1982
  B

Uroleptoides terricola (GELLERT, 1955) BERGER, 2008
  N, O, S

Familie Chaetospiridae JANKOWSKI, 1975
Gattung *Chaetospira* LACHMANN, 1856

Chaetospira muelleri LACHMANN, 1856
  O, T

Familie Gonostomatidae SMALL & LYNN, 1985
Gattung *Cladotricha* GAJEWSKAJA, 1926

Cladotricha sigmoidea RUINEN, 1938
  B

Gattung *Gonostomum* STERKI, 1878

Gonostomum affine (STEIN, 1859) STERKI, 1878
  B, K, N (locus [neo]typicus: Baumgarten), O, S, St, T

Gonostomum algicola GELLERT, 1942
  B, N

Gonostomum kuehnelti FOISSNER, 1987
  B, N, S (locus typicus: Seekirchen)

Gattung *Neowallackia* BERGER, 2011

Neowallackia franzi (FOISSNER, 1982) BERGER, 2011
  K, N, S (locus typicus: Glocknergebiet, Guttal)

Gattung *Paragonostomum* FOISSNER, AGATHA & BERGER, 2002

Paragonostomum simplex FOISSNER et al., 2005
  N (locus typicus: Stampfltal), S

Gattung *Wallackia* FOISSNER, 1976

Wallackia schiffmanni FOISSNER, 1976
  K, S (locus typicus: Glocknergebiet, Hochtor)

Familie Gonostomatidae inc. sed.

Gattung *Circinella* FOISSNER, 1994

Circinella filiformis (FOISSNER, 1982) FOISSNER, 1994
  B, N (locus typicus: Zwentendorf), O, S, St

Familie Hypotrichidiidae JANKOWSKI, 1975

Gattung *Hypotrichidium* ILOWAISKY, 1921

Hypotrichidium conicum ILOWAISKY, 1921
  N, S

Familie Kahliellidae TUFFRAU, 1979

Gattung *Engelmanniella* FOISSNER, 1982

Engelmanniella mobilis (ENGELMANN, 1862) FOISSNER, 1982
  B, N (locus [neo]typicus: Vogelsang bei Grafenwörth), S, T

Gattung *Kahliella* CORLISS, 1960

Kahliella simplex (HORVÁTH, 1934) CORLISS, 1960
O, S (locus [neo]typicus: Seekirchen), St

Gattung *Neogeneia* EIGNER, 1995

Neogeneia hortualis EIGNER, 1995
St (locus typicus: Schrötten bei Deutsch Goritz)

Gattung *Parakahliella* BERGER, FOISSNER & ADAM, 1985

Parakahliella haideri BERGER & FOISSNER, 1989
S (locus typicus: Salzburg, Parsch)

Parakahliella macrostoma (FOISSNER, 1982) BERGER, FOISSNER & ADAM, 1985
N (locus typicus: Grafenwörth), S

Familie Keronidae DUJARDIN, 1840

Gattung *Keronopsis* PENARD, 1922

Keronopsis algivora (GELLERT, 1942) FOISSNER, 1998
N

Keronopsis herbicola (KAHL, 1932)
O

Keronopsis muscicola (KAHL, 1932) HEMBERGER & WILBERT, 1982
S, T

Gattung *Parakeronopsis* SHI, 1999

Parakeronopsis wetzeli (WENZEL, 1953) SHI, 1999
O, S (locus [neo]typicus: Salzburg Stadtgebiet)

Familie Psilotrichidae BÜTSCHLI, 1889

Gattung *Psilotricha* STEIN, 1859

Psilotricha acuminata STEIN, 1859
T

Psilotricha succisa (MÜLLER, 1786) FOISSNER, 1983
S

Familie Spirofilidae GELEI, 1929

Gattung *Parastrongylidium* FLEURY & FRYD-VERSAVEL, 1985

Parastrongylidium oswaldi AESCHT & FOISSNER, 1992
    T (locus typicus: Kundl)

Gattung *Stichotricha* PERTY, 1849

Stichotricha aculeata WRZESNIOWSKI, 1866
    K, N, O, S, W

Stichotricha secunda PERTY, 1849
    N, O, S, T

Stichotricha socialis GRUBER, 1879
    T, W (locus typicus: unbekannt)

Stichotricha tubicola (GRUBER, 1879) BORROR, 1972
    W (locus typicus: unbekannt)

Familie Strongylidiidae FAURÉ-FREMIET, 1961

Gattung *Strongylidium* STERKI, 1878

Strongylidium lanceolatum KOWALEWSKI, 1882
    W

Strongylidium muscorum KAHL, 1932
    N (locus [neo]typicus: Althan), S, St, W

Überfamilie **Dorsomarginalia** BERGER, 2006

Familie Onychodromusidae SHI, 1999

Gattung *Onychodromus* STEIN, 1859

Onychodromus grandis STEIN, 1859
    T

Familie Oxytrichidae EHRENBERG, 1830

Gattung *Allotricha* STERKI, 1878

Allotricha mollis STERKI, 1878
    O, S

Gattung *Australocirrus* Blatterer & Foissner, 1988

Australocirrus zechmeisterae Foissner et al., 2005
B (locus typicus: Illmitz, Zicklacke), N

Gattung *Cyrtohymena* Foissner, 1989

Cyrtohymena (Cyrtohymena) citrina (Berger & Foissner, 1987) Foissner, 1989
B, N, O, S

Cyrtohymena (Cyrtohymena) muscorum (Kahl, 1932) Foissner, 1989
N, O, S (locus [neo]typicus: Glocknergebiet, Hochmaisalm)

Cyrtohymena (Cyrtohymena) primicirrata (Berger & Foissner, 1987) Foissner, 1989
N (locus typicus: Vogelsang bei Grafenwörth), O, S

Cyrtohymena (Cyrtohymenides) aspoecki Foissner, 2004
O (locus typicus: Enns-Fluss, nahe Donau-Mündung)

Gattung *Histriculus* Corliss, 1960

Histriculus complanatus (Stokes, 1887) Corliss, 1960
St

Histriculus histrio (Müller, 1773) Corliss, 1960
N, O, S, T, W

Gattung *Laurentiella* Dragesco & Njiné, 1971

Laurentiella strenua (Dingfelder, 1962) Berger & Foissner, 1989
S

Gattung *Notohymena* Blatterer & Foissner, 1988

Notohymena antarctica Foissner, 1996
N, O

Gattung *Onychodromopsis* Stokes, 1887

Onychodromopsis flexilis Stokes, 1887
S

Gattung *Oxytricha* BORY, 1824

Oxytricha chlorelligera KAHL, 1932
S

Oxytricha elegans FOISSNER, 1999
N

Oxytricha fallax STEIN, 1859
B, K, N, O, S, T, W

Oxytricha granulifera FOISSNER & ADAM, 1983
B, N (locus typicus: Baumgarten), O, S

Oxytricha hymenostoma STOKES, 1887
O

Oxytricha islandica BERGER & FOISSNER, 1989
N, S, St

Oxytrlcha lanceolata SHIBUYA, 1930
N, S (locus [neo]typicus: Seekirchen)

Oxytricha longa GELEI & SZABADOS, 1950
N, O, S, St

Oxytricha longigranulosa BERGER & FOISSNER, 1989
B, N

Oxytricha nauplia BERGER & FOISSNER, 1987
N

Oxytricha opisthomuscorum FOISSNER et al., 1991
B, N, O, S

Oxytricha parallela ENGELMANN, 1862
T

Oxytricha saprobica KAHL, 1932
O

Oxytricha setigera STOKES, 1891
K, N, O, S, W

Oxytricha similis ENGELMANN, 1862
O

Oxytricha siseris VUXANOVICI, 1963
B, N, O

Gattung *Pleurotricha* STEIN, 1859

Pleurotricha grandis STEIN, 1859
  T

Pleurotricha lanceolata (EHRENBERG, 1835) STEIN, 1859
  N, O, T, W

Gattung *Rigidocortex* BERGER, 1999

Rigidocortex octonucleatus (FOISSNER, 1988) BERGER, 1999
  B, N, S

Gattung *Rigidohymena* BERGER, 2011

Rigidohymena candens candens (KAHL, 1932) BERGER, 2011
  B, K, N, S

Rigidohymena candens depressa (GELLERT, 1942) BERGER, 2011
  S

Rigidohymena quadrinucleata (DRAGESCO & NJINÉ, 1972) BERGER, 2011
  B, N, O, S (locus [neo]typicus: Salzburg, Hellbrunner-Allee)

Rigidohymena tetracirrata (GELLERT, 1942) BERGER, 2011
  O

Gattung *Rubrioxytricha* BERGER, 1999

Rubrioxytricha ferruginea (STEIN, 1859) BERGER, 1999
  N

Rubrioxytricha haematoplasma (BLATTERER & FOISSNER, 1990) BERGER, 1999
  O, S

Gattung *Steinia* DIESING, 1866

Steinia platystoma (EHRENBERG, 1831) DIESING, 1866
  N, O, S, W

Steinia sphagnicola FOISSNER, 1989
  S (locus typicus: Koppler Moor)

Gattung *Sterkiella* FOISSNER et al., 1991

Sterkiella admirabilis (FOISSNER, 1980) BERGER, 1999
  K, S (locus typicus: Glocknergebiet, Fuschertörl)

Sterkiella cavicola (KAHL, 1935) FOISSNER et al., 1991
N, O, S (locus [neo]typicus: bei Salzburg)

Sterkiella histriomuscorum (FOISSNER et al., 1991) FOISSNER et al., 1991
B, K, N, O, S, St

Gattung *Stylonychia* EHRENBERG, 1830

Stylonychia bifaria (STOKES, 1887) BERGER, 1999
S

Stylonychia mytilus-Komplex
B, K, N, O, S, T, W

Stylonychia notophora STOKES, 1885
S

Stylonychia putrina STOKES, 1885
O, S

Gattung *Tachysoma* STOKES, 1887

Tachysoma granuliferum BERGER & FOISSNER, 1987
N, S, St, W (locus typicus: unbekannt)

Tachysoma humicola humicola GELLERT, 1957
B (locus [neo]typicus: "Hölle" bei Illmitz), O, S

Tachysoma pellionellum (MÜLLER, 1773) BORROR, 1972
K, N, O, S, T, W

Tachysoma terricola HEMBERGER, 1985
N

Gattung *Tetmemena* EIGNER, 1999

Tetmemena pustulata (MÜLLER, 1786) EIGNER, 1999
N, O (locus [neo]typicus: Mondsee), S, St, T, W

Gattung *Urosoma* KOWALEWSKI, 1882

Urosoma acuminata (STOKES, 1887) BÜTSCHLI, 1889
N, O, S, St

Urosoma caudatum (EHRENBERG, 1833) BERGER, 1999
N, O, S, St, W

Urosoma emarginata (STOKES, 1885) BERGER, 1999
B, N, O, S

Urosoma giganteum (HORVÁTH, 1933) KAHL, 1935
B (locus [neo]typicus: "Hölle" bei Illmitz), N

Urosoma karinae FOISSNER, 1987
S (locus typicus: Glocknergebiet, Fuschertal)

Urosoma macrostyla (WRZESNIOWSKI, 1870) FOISSNER, 1982
B, N (locus [neo]typicus: Althan), S

Gattung *Urosomoida* HEMBERGER in FOISSNER, 1982

Urosomoida agiliformis FOISSNER, 1982
B, K, N (locus typicus: Baumgarten), O, S, St

Urosomoida agilis (ENGELMANN, 1862) HEMBERGER in FOISSNER, 1982
K, N, O, S, St

Urosomoida antarctica FOISSNER, 1996
N

Urosomoida dorsiincisura FOISSNER, 1982
B, N (locus typicus: Zwentendorf), S

Urosomoida granulifera FOISSNER, 1996
N

Familie Rigidotrichidae FOISSNER & STOECK, 2006

Gattung *Uroleptus* EHRENBERG, 1831

Uroleptus caudatus (STOKES, 1886) BARDELE, 1981
K, O, S

Uroleptus gallina (MÜLLER, 1786) FOISSNER et al., 1991
O, S (locus [neo]typicus: Salzburg, Universität), St, T

Uroleptus lamella EHRENBERG, 1831
O, T

Uroleptus lepisma (WENZEL, 1953) FOISSNER, 1998
B (locus [neo]typicus: "Hölle" bei Illmitz)

Uroleptus musculus (KAHL, 1932) FOISSNER et al., 1991
K, N, O, S (locus [neo]typicus: Salzburg, Hellbrunner-Bach)

Uroleptus piscis (MÜLLER, 1773) EHRENBERG, 1831
N, O, S, T, W

Uroleptus violaceus STEIN, 1859
T

Uroleptus willii Sonntag, Strüder-Kypke & Summerer, 2008
T (locus typicus: Piburgersee)

Oxytrichide **Dorsomarginalia** inc. sed.

Gattung *Gastrostyla* Engelmann, 1862

Gastrostyla (Gastrostyla) dorsicirrata Foissner, 1982
N, S (locus typicus: Glocknergebiet, Fuschertal), St

Gastrostyla (Gastrostyla) steinii Engelmann, 1862
N, O, S, St, T

Gastrostyla (Kleinstyla) bavariensis Foissner, Agatha & Berger, 2002
N

Gastrostyla (Spetastyla) mystacea mystacea (Stein, 1859) Sterki, 1878
S (locus [neo]typicus: Salzburg, Universität)

Gattung *Kerona* Müller, 1786

Kerona pediculus (Müller, 1773) Müller, 1786
O, S, T, W

Gattung *Paraurostyla* Borror, 1972

Paraurostyla weissei (Stein, 1859) Borror, 1972
B, N, O (locus [neo]typicus: Mondsee), S, T

Gattung *Parentocirrus* Voss, 1997

Parentocirrus hortualis Voss, 1997
S

Gattung *Territricha* Berger & Foissner, 1988

Territricha stramenticola Berger & Foissner, 1988
N, S (locus typicus: Salzburg, Gaisberg)

Nicht oxytrichide **Dorsomarginalia** inc. sed.

Gattung *Deviata* Eigner, 1995

Deviata abbrevescens Eigner, 1995
N, St (locus typicus: Schrötten bei Deutsch Goritz)

Deviata bacilliformis (GELEI, 1954) EIGNER, 1995
B, N, S

Gattung *Erimophrya* FOISSNER, AGATHA & BERGER, 2002

Erimophrya quadrinucleata FOISSNER, 2005
N (locus typicus: Stampfltal)

Erimophrya sylvatica FOISSNER, 2005
N (locus typicus: Stampfltal)

Gattung *Hemiurosoma* FOISSNER, AGATHA & BERGER, 2002

Hemiurosoma polynucleata (FOISSNER, 1984) FOISSNER, AGATHA & BERGER, 2002
N (locus typicus: Bierbaum), S

Hemiurosoma similis (FOISSNER, 1982) FOISSNER, AGATHA & BERGER, 2002
N (locus typicus: Grafenwörth oder Zwentendorf), S, St

Gattung *Nudiamphisiella* FOISSNER, AGATHA & BERGER, 2002

Nudiamphisiella illuvialis (EIGNER & FOISSNER, 1994) BERGER, 2008
St (locus typicus: Schrötten bei Deutsch Goritz)

Gattung *Orthoamphisiella* EIGNER & FOISSNER, 1991

Orthoamphisiella stramenticola EIGNER & FOISSNER, 1991
B, N, St (locus typicus: Schrötten bei Deutsch Goritz)

Überfamilie Urostyloidea BÜTSCHLI, 1889

Familie Bakuellidae JANKOWSKI, 1979

Gattung *Australothrix* BLATTERER & FOISSNER, 1988

Australothrix gibba (CLAPARÈDE & LACHMANN, 1859) BLATTERER & FOISSNER, 1988
W

Gattung *Bakuella* AGAMALIEV & ALEKPEROV, 1976

Bakuella granulifera FOISSNER, AGATHA & BERGER, 2002
N

Bakuella pampinaria oligocirrata FOISSNER, 2004
O (locus typicus: Enns-Fluss, nahe Donau-Mündung)

Bakuella pampinaria pampinaria EIGNER & FOISSNER, 1992
N, St (locus typicus: Schrötten bei Deutsch Goritz)

Gattung *Birojima* BERGER & FOISSNER, 1989

Birojima muscorum (KAHL, 1932) BERGER & FOISSNER, 1989
B, N (locus [neo]typicus: Baumgarten), O, S, St

Gattung *Holostichides* FOISSNER, 1987

Holostichides chardezi FOISSNER, 1987
B, N, O, S

Holostichides dumonti FOISSNER, 2000
S

Familie Epiclintidae WICKLOW & BORROR, 1990
Gattung *Eschaneustyla* STOKES, 1886

Eschaneustyla brachytona STOKES, 1886
N, St (locus typicus: Schrötten bei Deutsch Goritz)

Eschaneustyla terricola FOISSNER, 1982
N (locus typicus: Zwentendorf)

Familie Holostichidae FAURÉ-FREMIET, 1961
Gattung *Anteholosticha* BERGER, 2003

Anteholosticha adami (FOISSNER, 1982) BERGER, 2003
B, K (locus typicus: Glocknergebiet, Wallackhaus), N, O, S, St

Anteholosticha antecirrata BERGER, 2006
N, O

Anteholosticha australis (BLATTERER & FOISSNER, 1988) BERGER, 2003
N

Anteholosticha bergeri FOISSNER, 1987
N, O, St

Anteholosticha intermedia BERGH, 1889
S

Anteholosticha monilata (KAHL, 1928) BERGER, 2003
N, O, S, W

Anteholosticha multistilata (KAHL, 1928) BERGER, 2003
K, N (locus [neo]typicus: Grafenwörth), O, S

Anteholosticha sigmoidea (FOISSNER, 1982) BERGER, 2003
K (locus typicus: Glocknergebiet, Wallackhaus), N, O, S, St

Anteholosticha verrucosa (FOISSNER & SCHADE in FOISSNER, 2000) BERGER, 2008
B, N, O, S

Anteholosticha xanthichroma WIRNSBERGER & FOISSNER, 1987
S (locus typicus: Bad Hofgastein, Schlossalm)

Gattung *Caudiholosticha* BERGER, 2003

Caudiholosticha gracilis (FOISSNER, 1982) BERGER, 2006
N, O, S (locus typicus: Bad Hofgastein, Schlossalm), St

Caudiholosticha notabilis (FOISSNER, 1982) BERGER, 2006
K, N, O, S (locus typicus: Glocknergebiet, Hochmaisalm)

Caudiholosticha paranotabilis (FOISSNER, AGATHA & BERGER, 2002) BERGER, 2006
B, N

Caudiholosticha stueberi (FOISSNER, 1987) BERGER, 2003
B, O, S (locus typicus: Glocknergebiet, Fuschertal)

Caudiholosticha sylvatica (FOISSNER, 1982) BERGER, 2003
N (locus typicus: Baumgarten), S, St

Caudiholosticha tetracirrata (BUITKAMP & WILBERT, 1974) BERGER, 2003
K (locus [neo]typicus: Glocknergebiet, Wallackhaus), N, O, S, St

Gattung *Diaxonella* JANKOWSKI, 1979

Diaxonella pseudorubra pseudorubra (KALTENBACH, 1960) BERGER, 2006
O (locus [neo]typicus: Asten bei Linz), W

Gattung *Holosticha* WRZESNIOWSKI, 1877

Holosticha pullaster (MÜLLER, 1773) FOISSNER et al, 1991
K, N, O, S, W

Gattung *Periholosticha* HEMBERGER, 1985

Periholosticha paucicirrata FOISSNER et al., 2005
B, N (locus typicus: Kolmberg)

Periholosticha sylvatica Foissner et al., 2005
  N (locus typicus: Stampfltal)

Familie Pseudourostylidae Jankowski, 1979
Gattung *Pseudourostyla* Borror, 1972

Pseudourostyla cristata (Jerka-Dziadosz, 1964) Borror, 1972
  O (locus [neo]typicus: Asten bei Linz)

Pseudourostyla franzi Foissner, 1987
  O, S

Gattung *Trichototaxis* Stokes, 1891

Trichototaxis aeruginosa (Foissner, 1980) Buitkamp, 1977
  K (locus typicus: Glocknergebiet, Bretter), S

Familie Urostylidae Bütschli, 1889
Gattung *Keronella* Wiackowski, 1985

Keronella gracilis Wiackowski, 1985
  O, S

Gattung *Pseudokeronopsis* Borror & Wicklow, 1983

Pseudokeronopsis similis Stokes, 1886
  O, S

Gattung *Urostyla* Ehrenberg, 1830

Urostyla chlorelligera Foissner, 1980
  K, S (locus typicus: Glocknergebiet, Piffkaralm), T

Urostyla grandis Ehrenberg, 1830
  N, O, S, T, W

Urostyla viridis Stein, 1859
  N, S

Hypotrichia inc. sed.
Gattung *Bistichella* Berger, 2008

Bistichella buitkampi (Foissner, 1982) Berger, 2008
  B, N, S (locus typicus: Bad Hofgastein, Schlossalm)

Bistichella namibiensis (FOISSNER, AGATHA & BERGER, 2002) BERGER, 2008
  N

Bistichella procera (BERGER & FOISSNER, 1987) BERGER, 2008
  N (locus typicus: Marchfeld), S, W

Familie Reichenowellidae KAHL, 1932

Gattung *Balantidioides* PENARD in KAHL, 1930

Balantidioides bivacuolata KAHL, 1932
  St

Balantidioides dragescoi FOISSNER, ADAM & FOISSNER, 1982
  N (locus typicus: Zwentendorf), O, St

Ordnung Euplotida JANKOWSKI, 1980

Familie Aspidiscidae EHRENBERG, 1830

Gattung *Aspidisca* EHRENBERG, 1830

Aspidisca cicada (MÜLLER, 1786) CLAPARÈDE & LACHMANN, 1858
  B, K, N, O, S, T, W

Aspidisca lynceus (MÜLLER, 1773) EHRENBERG, 1830
  B, K, N, O, S, W

Aspidisca turrita (EHRENBERG, 1831) CLAPARÈDE & LACHMANN, 1858
  S (locus [neo]typicus: Filzmoos), W

Familie Euplotidae EHRENBERG, 1838

Gattung *Euplotes* EHRENBERG in HEMPRICH & EHRENBERG, 1831

Euplotes aediculatus PIERSON, 1943
  O (locus [neo]typicus: Zellhof), S

Euplotes charon (MÜLLER, 1773) EHRENBERG, 1830
  N, O, S, T, W

Euplotes eurystomus WRZESNIOWSKI, 1870
  S, W

Euplotes harpa STEIN, 1859
  N

Euplotes moebiusi KAHL, 1932
  N, O, S

Euplotes novemcarinatus WANG, 1930
O

Euplotes parki CURDS, 1974
W (locus typicus: Schönbrunn)

Euplotes patella (MÜLLER, 1773) EHRENBERG, 1831
B, K, N, O, S, T, W

Familie Gastrocirrhidae FAURÉ-FREMIET, 1961

Gattung *Euplotopsis* BORROR & HILL, 1995

Euplotopsis affinis (DUJARDIN, 1841) BORROR & HILL, 1995
B, K, N, O, S, W

Euplotopsis finki (FOISSNER, 1982) BORROR & HILL, 1995
K (locus typicus: Glocknergebiet, Wallackhaus), N, S

Euplotopsis muscicola (KAHL, 1932) BORROR & HILL, 1995
B, N, O, S, St

Unterklasse Halteriia PETZ & FOISSNER, 1992

Ordnung Halteriida PETZ & FOISSNER, 1992

Familie Halteriidae CLAPARÈDE & LACHMANN, 1858

Gattung *Halteria* DUJARDIN, 1841

Halteria bifurcata TAMAR, 1968
O, St (locus [neo]typicus: Tillmitscher Baggerseen, südl. Graz)

Halteria chlorelligera KAHL, 1932
O

Halteria grandinella (MÜLLER, 1773) DUJARDIN, 1841
B, K, N, O, S, St, T, W

Halteria minuta TAMAR
K

Gattung *Meseres* SCHEWIAKOFF, 1893

Meseres corlissi PETZ & FOISSNER, 1992
O, S (locus typicus: Salzburg, Donnenberg Park, "Krauthügel")

Gattung *Pelagohalteria* FOISSNER, SKOGSTAD & PRATT, 1988

Pelagohalteria cirrifera (KAHL, 1932) FOISSNER, SKOGSTAD & PRATT, 1988
N, O

Pelagohalteria viridis (FROMENTEL, 1876) FOISSNER, SKOGSTAD & PRATT, 1988
K, O, S

Unterklasse **Choreotrichia** BÜTSCHLI, 1889

Ordnung **Strobilidiida** JANKOWSKI, 2007

Familie **Strobilidiidae** KAHL in DOFLEIN & REICHENOW, 1929

Gattung *Rimostrombidium* JANKOWSKI, 1978

Rimostrombidium brachykinetum KRAINER, 1995
O, St (locus typicus: Tillmitscher Baggerseen, südl. Graz)

Rimostrombidium conicum KAHL, 1932
T

Rimostrombidium humile (PENARD, 1922) PETZ & FOISSNER, 1992
K, N, O, S, St (locus [neo]typicus: Tillmitscher Baggerseen, südl. Graz)

Rimostrombidium hyalinum (MIRABDULLAEV, 1985) PETZ & FOISSNER, 1992
O, S

Rimostrombidium lacustris (FOISSNER, SKOGSTAD & PRATT, 1988) PETZ & FOISSNER, 1992
K, O, S, St

Rimostrombidium velox (FAURE-FREMIET, 1924) JANKOWSKI, 1978
N, St, T

Gattung *Strobilidium* SCHEWIAKOFF, 1893

Strobilidium caudatum (FROMENTEL, 1876) FOISSNER, 1987
K, O, S (locus [neo]typicus: Grabensee), W

Strobilidium lacustris FOISSNER, SKOGSTAD & PRATT, 1988
O

Ordnung Tintinnida KOFOID & CAMPBELL, 1929

Familie Codonellidae KENT, 1881

Gattung *Codonella* HAECKEL, 1873

Codonella cratera (LEIDY, 1877) IMHOF, 1885
K, N, O, S (locus [neo]typicus: Mattsee), St, W

Gattung *Tintinnopsis* STEIN, 1867

Tintinnopsis cylindrata KOFOID & CAMPBELL, 1929
K, O, S (locus [neo]typicus: Salzburg, Salzachsee)

Familie Tintinnidae CLAPARÈDE & LACHMANN, 1858

Gattung *Membranicola* FOISSNER, BERGER & SCHAUMBURG, 1999

Membranicola tamari FOISSNER, BERGER & SCHAUMBURG, 1999
S (locus typicus: Wallersee)

Gattung *Tintinnidium* KENT, 1881

Tintinnidium (Semitintinnidium) semiciliatum STERKI, 1879
K, N, O, S, T, W

Tintinnidium (Tintinnidium) fluviatile (STEIN, 1863) KENT, 1881
K, O, S, T, W

Tintinnidium (Tintinnidium) pusillum ENTZ, 1909
O, S

Unterklasse **Oligotrichia** BÜTSCHLI, 1889

Ordnung Strombidiida JANKOWSKI, 1980

Familie Pelagostrombidiidae AGATHA, 2004

Gattung *Pelagostrombidium* KRAINER, 1991

Pelagostrombidium fallax (ZACHARIAS, 1895) KRAINER, 1991
K, O, S, St (locus [neo]typicus: Tillmitscher Baggerseen, südl. Graz)

Pelagostrombidium mirabile (PENARD, 1916) KRAINER, 1991
K, O, S, St (locus [neo]typicus: Tillmitscher Baggerseen, südl. Graz)

Familie Strombidiidae FAURÉ-FREMIET, 1970

Gattung *Limnostrombidium* KRAINER, 1995

Limnostrombidium pelagicum (KAHL, 1932) KRAINER, 1995
K, O, S, St (locus [neo]typicus: Tillmitscher Baggerseen, südl. Graz)

Limnostrombidium viride (STEIN, 1867) KRAINER, 1995
K, N, O, S, St (locus [neo]typicus: Tillmitscher Baggerseen, südl. Graz), T

Gattung *Opisthostrombidium* AGATHA, 2011

Opisthostrombidium montagnesi (XU, SONG & WARREN, 2006) AGATHA, 2011
B

Gattung *Strombidium* CLAPARÈDE & LACHMANN, 1859

Strombidium rehwaldi PETZ & FOISSNER, 1992
O

Strombidium turbo CLAPARÈDE & LACHMANN, 1859
N

Klasse ARMOPHOREA JANKOWSKI, 1964

Ordnung Armophorida JANKOWSKI, 1964

Familie Caenomorphidae POCHE, 1913

Gattung *Caenomorpha* PERTY, 1852

Caenomorpha lauterborni KAHL, 1927
O

Caenomorpha medusula PERTY, 1852
B, O, S, T, W

Caenomorpha uniserialis LEVANDER, 1894
N

Gattung *Ludio* PENARD, 1922

Ludio parvulus PENARD, 1922
O

Ordnung Clevelandellida PUYTORAC & GRAIN, 1976

Familie Nyctotheridae AMARO, 1972

Gattung *Nyctotheroides* GRASSÉ, 1928

Nyctotheroides cordiformis (EHRENBERG, 1838) GRASSÉ, 1928
N

Ordnung Metopida JANKOWSKI, 1980

Familie Metopidae KAHL, 1927

Gattung *Bothrostoma* STOKES, 1887

Bothrostoma undulans STOKES, 1887
S, T

Gattung *Brachonella* JANKOWSKI, 1964

Brachonella caduca KAHL, 1927
O

Brachonella caenomorphoides FOISSNER, 1980
S (locus typicus: Glocknergebiet, Hexenküche)

Brachonella galeata (KAHL, 1927) JANKOWSKI, 1964
B

Brachonella spiralis (SMITH, 1897) JANKOWSKI, 1964
B

Gattung *Metopus* CLAPARÈDE & LACHMANN, 1858

Metopus alpestris FOISSNER, 1980
K (locus typicus: Glocknergebiet, Wallackhaus), S

Metopus bothrostomiformis FOISSNER, 1980
S (locus typicus: Glocknergebiet, Hexenküche)

Metopus contortus QUENNERSTEDT, 1867
B, S

Metopus es MÜLLER, 1776
B, N, O, S, T, W

Metopus hasei SONDHEIM, 1929
B, K, N, O, S (locus [neo]typicus: Glocknergebiet, Hochmaisalm)

Metopus inversus (JANKOWSKI, 1964) FOISSNER & AGATHA, 1999
    S

Metopus laminarius KAHL, 1927
    O

Metopus minor KAHL, 1927
    K, S

Metopus palaeformis KAHL, 1927
    S

Metopus rectus (KAHL, 1932) FOISSNER, 1980
    N, S

Metopus spinosus KAHL, 1927
    W

Metopus striatus McMURRICH, 1884
    K, O, S

Metopus tortus KAHL, 1927
    S

Gattung *Tropidoatractus* LEVANDER, 1894

Tropidoatractus acuminatus LEVANDER, 1894
    S

Klasse LITOSTOMATEA SMALL & LYNN, 1981
Unterklasse Rhynchostomatia JANKOWSKI, 1980

Ordnung Tracheliida VĎAČNÝ et al., 2011
Familie Tracheliidae EHRENBERG, 1838
Gattung *Trachelius* SCHRANK, 1803

Trachelius anas (MÜLLER, 1773) EHRENBERG, 1831
    N, S, W

Trachelius ovum (EHRENBERG, 1831) EHRENBERG, 1838
    N, O, S, T, W

Ordnung Dileptida JANKOWSKI, 1978

Familie Dileptidae JANKOWSKI, 1980

Gattung *Apodileptus* VĎAČNÝ et al., 2011

Apodileptus visscheri rhabdoplites VĎAČNÝ & FOISSNER, 2011
    S (locus typicus: Glocknergebiet, Hochtor)

Apodileptus visscheri visscheri (DRAGESCO, 1963) VĎAČNÝ et al., 2011
    B, O, S (locus [neo]typicus: Salzburg, Donnenberg Park, "Krauthügel")

Gattung *Dileptus* DUJARDIN, 1841

Dileptus anatinus GOLINSKA, 1971
    S

Dileptus costaricanus FOISSNER, 1995
    N

Dileptus jonesi DRAGESCO, 1963
    O

Dileptus margaritifer (EHRENBERG, 1834) DUJARDIN, 1841
    K, N, O, S, W

Dileptus viridis (EHRENBERG, 1834) BUITKAMP, 1977
    W

Gattung *Monilicaryon* JANKOWSKI, 1967

Monilicaryon monilatum (STOKES, 1886) JANKOWSKI, 1967
    N, O, S

Gattung *Paradileptus* WENRICH, 1929

Paradileptus elephantinus (SVEC, 1897) KAHL, 1931
    O, S, T

Gattung *Pelagodileptus* FOISSNER, BERGER & SCHAUMBURG, 1999

Pelagodileptus trachelioides (ZACHARIAS, 1894) FOISSNER, BERGER & SCHAUMBURG, 1999
    K, S, St

Gattung *Pseudomonilicaryon* FOISSNER, 1997

Pseudomonilicaryon anguillula (KAHL, 1931) VĎAČNÝ & FOISSNER, 2012
K, N, O, S

Pseudomonilicaryon anser (MÜLLER, 1773) VĎAČNÝ & FOISSNER, 2012
K, N, O, S (locus [neo]typicus: Bad Hofgastein, Schlossalm), W

Pseudomonilicaryon brachyproboscis VĎAČNÝ & FOISSNER, 2008
B

Pseudomonilicaryon falciforme (KAHL, 1931) VĎAČNÝ & FOISSNER, 2012
N

Pseudomonilicaryon gracile gracile (KAHL, 1931) FOISSNER, 1997
N, O

Familie Dimacrocaryonidae VĎAČNÝ et al., 2011

Gattung *Dimacrocaryon* JANKOWSKI, 1967

Dimacrocaryon amphileptoides amphileptoides (KAHL, 1931) JANKOWSKI, 1967
N, O, S (locus [neo]typicus: Bad Gastein, Stubnerkogel), St, T

Gattung *Microdileptus* VĎAČNÝ & FOISSNER, 2012

Microdileptus breviproboscis (FOISSNER, 1981) VĎAČNÝ & FOISSNER, 2012
K, N, S (locus typicus: Glocknergebiet, Hochmaisalm)

Microdileptus semiarmatus (VĎAČNÝ & FOISSNER, 2008) VĎAČNÝ & FOISSNER, 2012
N, S (locus typicus: Salzburg, Neuhaus)

Gattung *Monomacrocaryon* VĎAČNÝ & FOISSNER, 2012

Monomacrocaryon gigas (CLAPARÈDE & LACHMANN, 1859) VĎAČNÝ et al., 2011
T

Monomacrocaryon terrenum (FOISSNER, 1981) VĎAČNÝ et al., 2011
K, N (locus [neo]typicus: Vogelsang bei Grafenwörth), O, S

Gattung *Rimaleptus* FOISSNER, 1984

Rimaleptus alpinus (KAHL, 1931) VĎAČNÝ & FOISSNER, 2012
O, S, St, T

Rimaleptus armatus (FOISSNER & SCHADE in FOISSNER, 2000) VĎAČNÝ & FOISSNER, 2012
B, N, St

Rimaleptus conspicuus (KAHL, 1931) VĎAČNÝ & FOISSNER, 2012
T (locus typicus: Zillertal)

Rimaleptus mucronatus (PENARD, 1922) VĎAČNÝ et al., 2011
B (locus [neo]typicus: "Hölle" bei Illmitz), O

Unterklasse **Haptoria** CORLISS, 1974

Ordnung **Didiniida** JANKOWSKI, 1978

Familie **Didiniidae** POCHE, 1913

Gattung *Didinium* STEIN, 1859

Didinium nasutum (MÜLLER, 1773) STEIN, 1859
O, S (locus [neo]typicus: Salzburg, Donnenberg Park, "Krauthügel"), T, W

Gattung *Monodinium* FABRE-DOMERGUE, 1888

Monodinium alveolatum (KAHL, 1930) FOISSNER, BERGER & SCHAUMBURG, 1999
S

Monodinium balbianii balbianii FABRE-DOMERGUE, 1888
B, K, O, S (locus [neo]typicus: Glocknergebiet, Hexenküche), St

Monodinium balbianii breviboscis FOISSNER, BERGER & SCHAUMBURG, 1999
S (locus typicus: Salzburg, bei Universität)

Monodinium balbianii rostratum (KAHL, 1926) FOISSNER, BERGER & SCHAUMBURG, 1999
S

Monodinium chlorelligerum KRAINER, 1995
K, O, S, St (locus typicus: Tillmitscher Baggerseen, südl. Graz)

Monodinium perrier DELPHY, 1925
S

Ordnung **Haptorida** CORLISS, 1974

Familie **Enchelyodontidae** FOISSNER, AGATHA & BERGER, 2002

Gattung *Enchelydium* KAHL, 1930

Enchelydium alpinum FOISSNER, 1980
K, S (locus typicus: Glocknergebiet, Naßfeldbrücke)

Enchelydium piliforme (KAHL, 1930) FOISSNER, 1984
  N, S (locus [neo]typicus: Salzburg, Donnenberg Park, "Krauthügel"), T

Enchelydium simile FOISSNER, 1980
  S (locus typicus: Glocknergebiet, Fuscherlacke)

Enchelydium trichocystis FOISSNER, 1980
  S (locus typicus: Glocknergebiet, Hochtor)

Familie Fuscheriidae FOISSNER, AGATHA & BERGER, 2002

Gattung *Fuscheria* FOISSNER, 1983

Fuscheria lacustris SONG & WILBERT, 1989
  O, S

Fuscheria nodosa nodosa FOISSNER, 1983
  K, S (locus typicus: Glocknergebiet, Fuscherlacke)

Fuscheria nodosa salisburgensis FOISSNER & GABILONDO in GABILONDO & FOISSNER, 2009
  S (locus typicus: Salzburg, Donnenberg Park, "Krauthügel")

Fuscheria terricola BERGER, FOISSNER & ADAM, 1983
  B, N (locus typicus: Grafenwörth), O, S, St

Familie Lagynophryidae KAHL, 1927

Gattung *Lagynophrya* KAHL, 1927

Lagynophrya acuminata KAHL, 1935
  O, S, St

Lagynophrya trichocystis FOISSNER, 1981
  N, S (locus typicus: Glocknergebiet, Hochmaisalm)

Familie Pleuroplitidae FOISSNER, 1996

Gattung *Pleuroplites* FOISSNER, 1988

Pleuroplites australis FOISSNER, 1988
  B, N

Ordnung Lacrymariida LIPSCOMB & RIORDAN, 1990

Familie Lacrymariidae FROMENTEL, 1876

Gattung *Lacrymaria* BORY, 1824

Lacrymaria filiformis MASKELL, 1886
K, O, S

Lacrymaria granulifera FOISSNER, 1997
O

Lacrymaria olor (MÜLLER, 1786) BORY, 1824
B, N, O (locus [neo]typicus: Franking), S, St, T, W

Lacrymaria pumilio VUXANOVICI, 1962
S

Lacrymaria robusta VUXANOVICI, 1959
O

Lacrymaria vaginifera SONG & WILBERT, 1989
O

Lacrymaria viridis (EHRENBERG, 1834) DUJARDIN, 1841
W

Gattung *Lagynus* QUENNERSTEDT, 1867

Lagynus cucumis (PENARD, 1922) BUITKAMP, 1977
S

Lagynus elegans (ENGELMANN, 1862) QUENNERSTEDT, 1867
O, S

Lagynus verrucosus FOISSNER, 1983
S (locus typicus: Glocknergebiet, Hexenküche)

Gattung *Phialinides* FOISSNER, 1988

Phialinides muscicola (KAHL, 1943) FOISSNER & WENZEL, 2004
N (locus [neo]typicus: Neuwald), St

Ordnung Spathidiida FOISSNER & FOISSNER, 1988

Familie Acropisthiidae FOISSNER & FOISSNER, 1988

Gattung *Acropisthium* PERTY, 1852

Acropisthium mutabile PERTY, 1852
> K, S (locus [neo]typicus: Salzburg, Donnenberg Park, "Krauthügel")

Gattung *Coriplites* FOISSNER, 1988

Coriplites grandis OERTEL, WOLF, AL-RASHEID & FOISSNER, 2008
> S

Coriplites terricola FOISSNER, 1988
> N

Gattung *Cranotheridium* SCHEWIAKOFF, 1893

Cranotheridium foliosum (FOISSNER, 1983) WIRNSBERGER, FOISSNER & ADAM, 1984
> S (locus [neo]typicus: Glocknergebiet, Hexenküche)

Gattung *Diplites* FOISSNER, 1998

Diplites telmatobius FOISSNER, 1998
> B, N

Gattung *Perispira* STEIN, 1859

Perispira pyriformis WIRNSBERGER, FOISSNER & ADAM, 1984
> S (locus typicus: Bad Hofgastein, Schlossalm)

Familie Actinobolinidae KAHL, 1930

Gattung *Actinobolina* STRAND, 1928

Actinobolina radians (STEIN, 1867) STRAND, 1928
> O, T

Actinobolina smalli HOLT, LYNN & CORLISS, 1973
> St (locus [neo]typicus: Tillmitscher Baggerseen, südl. Graz)

Actinobolina vorax (WENRICH, 1929) KAHL, 1930
> S

Gattung *Belonophrya* ANDRÉ, 1914

Belonophrya pelagica ANDRÉ, 1914
S (locus [neo]typicus: Salzburg, Universität)

Familie Apertospathulidae FOISSNER, XU & KREUTZ, 2005

Gattung *Apertospathula* FOISSNER, AGATHA & BERGER, 2002

Apertospathula implicata (KAHL, 1930) FOISSNER & OERTEL, 2009
S (locus [neo]typicus: Salzburg, Donnenberg Park, "Krauthügel")

Apertospathula inermis FOISSNER, AGATHA & BERGER, 2002
N

Familie Arcuospathidiidae FOISSNER & XU, 2007

Gattung *Arcuospathidium* FOISSNER, 1984

Arcuospathidium cooperi FOISSNER, 1996
O, S

Arcuospathidium cultriforme cultriforme (PENARD, 1922) FOISSNER, 1984
B (locus [neo]typicus: Ebenauerwald), N, O, S, T

Arcuospathidium cultriforme scalpriforme (KAHL, 1930) FOISSNER, 2003
N, O, S, T (locus typicus: Zillertal)

Arcuospathidium muscorum muscorum (DRAGESCO & DRAGESCO-KERNÉIS, 1979)
FOISSNER, 1984
B, K, N, O, S, St

Arcuospathidium namibiense tristicha FOISSNER, AGATHA & BERGER, 2002
B, N, O, S, St

Arcuospathidium pelobium FOISSNER & XU, 2007
N, S

Arcuospathidium vermiforme FOISSNER, 1984
K, N, S (locus typicus: Seekirchen)

Gattung *Cultellothrix* FOISSNER, 2003

Cultellothrix atypica (WENZEL, 1953) FOISSNER & XU, 2007
N, S, St

Cultellothrix coemeterii (KAHL, 1943) FOISSNER & XU, 2007
B, N (locus [neo]typicus: Stampfltal), St

Cultellothrix japonica (FOISSNER, 1988) FOISSNER & XU, 2007
  N

Cultellothrix lionotiformis (KAHL, 1930) FOISSNER, 2003
  N (locus [neo]typicus: Baumgarten), S

Familie Bryophyllidae FOISSNER, 2004

Gattung *Bryophyllum* KAHL, 1931

Bryophyllum loxophylliforme KAHL, 1931
  O, S, T (locus typicus: Zillertal)

Bryophyllum tegularum KAHL, 1931
  S

Gattung *Neobryophyllum* FOISSNER, 2004

Neobryophyllum paucistriatum (FOISSNER, AGATHA & BERGER, 2002) FOISSNER, 2004
  S

Familie Enchelyidae EHRENBERG, 1838

Gattung *Acaryophrya* ANDRÉ, 1915

Acaryophrya sphaerica (GELEI, 1934) DINGFELDER, 1962
  K, S

Gattung *Armatoenchelys* VĎAČNÝ, 2007

Armatoenchelys geleii geleii (FOISSNER, 1981) VĎAČNÝ, 2007
  B, N, O, S (locus typicus: Glocknergebiet, Fusch)

Gattung *Balantidion* EBERHARD, 1862

Balantidion pellucidum EBERHARD, 1862
  N, S

Gattung *Chilophrya* KAHL, 1930

Chilophrya terricola FOISSNER, 1984
  O, S (locus typicus: Bad Gastein, Stubnerkogel)

Gattung *Enchelys* MÜLLER, 1773

Enchelys arcuata CLAPARÈDE & LACHMANN, 1859
N, T

Enchelys binucleata FOISSNER, 1983
K (locus typicus: Glocknergebiet, Pfandlscharte), S

Enchelys farcimen MÜLLER, 1773
S, T, W

Enchelys gasterosteus KAHL, 1926
N (locus [neo]typicus: Lunzer See), O, S

Enchelys micrographica FOISSNER, 2010
S (locus typicus: Stadtrand Salzburg, Felberbach)

Enchelys multinucleata (DRAGESCO & DRAGESCO-KERNÉIS, 1979) BERGER, FOISSNER
& ADAM, 1984
S (locus [neo]typicus: Bad Hofgastein, Schlossalm)

Enchelys nebulosa MÜLLER, 1773
N, W

Enchelys polynucleata (FOISSNER, 1984) FOISSNER, AGATHA & BERGER, 2002
N (locus typicus: Bierbaum), O, S

Enchelys pupa MÜLLER, 1786
N, W

Enchelys terrenum (FOISSNER, 1984) VĎAČNÝ, 2007
N, S (locus typicus: Bad Gastein, Stubnerkogel), St

Enchelys terricola FOISSNER, 1987
S (locus typicus: Salzburg Stadtgebiet)

Enchelys vermiformis FOISSNER, 1987
S (locus typicus: Seekirchen)

Gattung *Papillorhabdos* FOISSNER, 1984

Papillorhabdos carchesii FOISSNER, 1984
O (locus typicus: Traun bei Steyrermühl), T

Papillorhabdos multinucleata FOISSNER, 1984
S (locus typicus: Salzburg, Donnenberg Park, "Krauthügel")

Gattung *Pithothorax* KAHL, 1926

Pithothorax ovatus (KAHL, 1926) KAHL, 1927
N

Familie Homalozoonidae JANKOWSKI, 1980

Gattung *Homalozoon* STOKES, 1890

Homalozoon vermiculare (STOKES, 1887) STOKES, 1890
O

Familie Myriokaryonidae FOISSNER, 2003

Gattung *Berghophrya* FOISSNER, 2003

Berghophrya emmae (BERGH, 1896) FOISSNER, 2003
O

Gattung *Myriokaryon* JANKOWSKI, 1973

Myriokaryon lieberkuehnii (BÜTSCHLI, 1889) JANKOWSKI, 1973
O

Familie Protospathidiidae FOISSNER & XU, 2007

Gattung *Edaphospathula* FOISSNER & XU, 2007

Edaphospathula fusioplites (FOISSNER et al., 2005) FOISSNER & XU, 2007
B, N (locus typicus: Stampfltal)

Edaphospathula paradoxa FOISSNER & XU, 2007
B (locus typicus: Müllerboden)

Gattung *Protospathidium* FOISSNER, 1984

Protospathidium bonneti (BUITKAMP, 1977) FOISSNER, 1981
K, N, O, S, St

Protospathidium muscicola (DRAGESCO & DRAGESCO-KERNÉIS, 1979) FOISSNER, 1984
S

Protospathidium serpens (KAHL, 1930) FOISSNER, 1981
B, K, N, S (locus [neo]typicus: Salzburg, Donnenberg Park, "Krauthügel"), St, T

Protospathidium vermiculus (KAHL, 1926) FOISSNER & XU, 2007
S

Protospathidium vermiforme FOISSNER, AGATHA & BERGER, 2002
K (locus typicus: Glocknergebiet, Wallackhaus), S

Familie Spathidiidae KAHL in DOFLEIN & REICHENOW, 1929

Gattung *Apobryophyllum* FOISSNER, 1998

Apobryophyllum schmidingeri FOISSNER & AL-RASHEID, 2007
N (locus typicus: Neuwald)

Gattung *Apospathidium* FOISSNER, AGATHA & BERGER, 2002

Apospathidium atypicum (BUITKAMP & WILBERT, 1974) FOISSNER, AGATHA &
BERGER, 2002
B, S

Gattung *Epispathidium* FOISSNER, 1984

Epispathidium amphoriforme (GREEFF, 1888) FOISSNER, 1984
B, N (locus [neo]typicus: Baumgarten), O, S, St, T

Epispathidium ascendens (WENZEL, 1955) FOISSNER, 1987
B, N, O, S (locus [neo]typicus: Seekirchen)

Epispathidium papilliferum (KAHL, 1930) FOISSNER, 1984
B, N, O, S, T (locus typicus: Zillertal)

Epispathidium polynucleatum FOISSNER, AGATHA & BERGER, 2002
N

Epispathidium regium FOISSNER, 1984
N, S (locus typicus: Bad Gastein, Stubnerkogel)

Epispathidium terricola FOISSNER, 1987
B, N, O, S, St

Gattung *Latispathidium* FOISSNER et al., 2005

Latispathidium truncatum bimicronucleatum FOISSNER et al., 2005
N (locus typicus: Stampfltal)

Gattung *Semispathidium* FOISSNER, AGATHA & BERGER, 2002

Semispathidium lagyniforme (KAHL, 1930) FOISSNER, AGATHA & BERGER, 2002
N (locus [neo]typicus: Bierbaum), S, St

Semispathidium pulchrum FOISSNER, HESS & AL-RASHEID, 2010
  O, S (locus typicus: Salzburg, Donnenberg Park, "Krauthügel")

Gattung *Spathidium* DUJARDIN, 1841

Spathidium ampulliforme minuta KALTENBACH, 1960
  O, W (locus typicus: Nußdorf)

Spathidium anguilla VUXANOVICI, 1962
  N (locus [neo]typicus: Althan), O, S

Spathidium claviforme KAHL, 1930
  N, S, T, W (locus [neo]typicus: Lobau)

Spathidium deforme KAHL, 1928
  S (locus [neo]typicus: Siggerwiesen), St

Spathidium depressum KAHL, 1930
  O

Spathidium lieberkuehni BÜTSCHLI, 1889
  N

Spathidium liepoldi KALTENBACH, 1960
  N (locus typicus: Haslau), O

Spathidium longicaudatum (BUITKAMP & WILBERT, 1974) BUITKAMP, 1977
  K, N, O, S, St

Spathidium muscicola KAHL, 1930
  B, N, S, St

Spathidium polymorphum WENZEL, 1955
  K, S

Spathidium procerum KAHL, 1930
  B, N (locus [neo]typicus: Bierbaum), S, St, T

Spathidium puteolagri BAUMEISTER in KAHL, 1930
  K, S

Spathidium rusticanum FOISSNER, 1981
  K (locus typicus: Glocknergebiet, Heiligenblut), N, S

Spathidium seppelti etoschense FOISSNER, AGATHA & BERGER, 2002
  S

Spathidium spathula (MÜLLER, 1773) DUJARDIN, 1841
  K, N, O, S (locus [neo]typicus: Bad Gastein, Stubnerkogel), St, T, W

Spathidium tortum FOISSNER, 1980
  K, S (locus typicus: Glocknergebiet, Hochtor)

Gattung *Teuthophrys* CHATTON & BEAUCHAMP, 1923

Teuthophrys trisulca trisulca CHATTON & BEAUCHAMP, 1923
  T

Familie Trachelophyllidae KENT, 1881

Gattung *Actinorhabdos* FOISSNER, 1984

Actinorhabdos trichocystifera FOISSNER, 1984
  S (locus typicus: Salzburg, Peterweiher)

Gattung *Bilamellophrya* FOISSNER, AGATHA & BERGER, 2002

Bilamellophrya hawaiensis FOISSNER, AGATHA & BERGER, 2002
  S

Gattung *Chaenea* QUENNERSTEDT, 1867

Chaenea limicola LAUTERBORN, 1901
  O

Chaenea stricta (DUJARDIN, 1841) FOISSNER et al., 1995
  O, S

Gattung *Enchelyodon* CLAPARÈDE & LACHMANN, 1859

Enchelyodon anulatus FOISSNER, 1984
  S (locus typicus: Salzburg, Donnenberg Park, "Krauthügel")

Enchelyodon armatides FOISSNER, AGATHA & BERGER, 2002
  N

Enchelyodon farctus CLAPARÈDE & LACHMANN, 1859
  O

Enchelyodon lagenula (KAHL, 1930) BLATTERER & FOISSNER, 1988
  N, T (locus typicus: Zillertal)

Enchelyodon longinucleatus FOISSNER, 1984
  B (locus typicus: Seewinkel), S, St

Enchelyodon nodosus BERGER, FOISSNER & ADAM, 1984
  B (locus typicus: Seewinkel), S

Enchelyodon terrenus FOISSNER, 1984
>   B (locus typicus: Seewinkel), S

Enchelyodon tratzi FOISSNER, 1987
>   S (locus typicus: Glocknergebiet, Fuschertal)

Gattung *Enchelyotricha* FOISSNER, 1987

Enchelyotricha binucleata FOISSNER, 1987
>   S (locus typicus: Seekirchen)

Gattung *Epitholiolus* FOISSNER, AGATHA & BERGER, 2002

Epitholiolus attenuatus (FOISSNER, 1983) FOISSNER, AGATHA & BERGER, 2002
>   K, S (locus [neo]typicus: Bad Hofgastein, Schlossalm)

Gattung *Pallitrichodina* VAN AS & BASSON in AESCHT, 2001

Pallitrichodina stephani VAN AS & BASSON, 1993
>   K, O, S, T

Gattung *Phialina* BORY, 1824

Phialina binucleata BERGER, FOISSNER & ADAM, 1984
>   N, S (locus typicus: Bad Hofgastein, Haizing Alm)

Phialina jankowskii FOISSNER, 1984
>   O, T (locus typicus: Lienz)

Phialina macrostoma FOISSNER, 1983
>   K (locus typicus: Glocknergebiet, Wallackhaus), S

Phialina pupula (MÜLLER, 1773)
>   O

Phialina terricola FOISSNER, 1984
>   N (locus typicus: Bierbaum), O, S

Phialina vermicularis (MÜLLER, 1786) BORY, 1824
>   K, O, S, T, W

Phialina vertens (STOKES, 1885) FOISSNER & ADAM, 1979
>   S

Phialina viridis (EHRENBERG, 1831)
>   W

Gattung *Trachelophyllum* Claparède & Lachmann, 1859

Trachelophyllum apiculatum (Perty, 1852) Claparède & Lachmann, 1859
K, N, O, S, T, W

Trachelophyllum clavatum Stokes, 1886
S

Trachelophyllum hyalinum Foissner, 1983
K (locus typicus: Glocknergebiet, Pfandlscharte), S

Trachelophyllum pannonicum Foissner, Agatha & Berger, 2002
B (locus typicus: "Hölle" bei Illmitz)

Trachelophyllum sigmoides Kahl, 1926
O

Trachelophyllum valkanovi (Lepsi, 1959) Foissner, 1983
K, S

Trachelophyllum vestitum Stokes, 1884
K, S

Ordnung Pleurostomatida Schewiakoff, 1896

Familie Amphileptidae Bütschli, 1889

Gattung *Amphileptus* Ehrenberg, 1830

Amphileptus carchesii Stein, 1867
O

Amphileptus falcatus Song & Wilbert, 1989
O

Amphileptus meleagris Ehrenberg, 1835
S, T, W

Amphileptus piger (Vuxanovici, 1962) Sonntag & Foissner, 2004
O (locus [neo]typicus: Traunsee)

Amphileptus pleurosigma (Stokes, 1884) Foissner, 1984
N, O, S, W

Amphileptus plurivacuolatus (Foissner, 1978) Buitkamp, 1977
S (locus typicus: Glocknergebiet, Hochmaisalm)

Amphileptus procerus (Penard, 1922) Song & Wilbert, 1989
B, O, S, W

E. Aescht

Amphileptus punctatus (KAHL, 1926) FOISSNER, 1984
  K, O

Gattung *Apoamphileptus* LIN & SONG, 2004

Apoamphileptus claparedii (STEIN, 1867) LIN & SONG, 2004
  N, O

Gattung *Opisthodon* STEIN, 1859

Opisthodon niemeccensis STEIN, 1859
  B, S, T

Gattung *Pseudoamphileptus* FOISSNER, 1983

Pseudoamphileptus macrostoma (CHEN, 1955) FOISSNER, 1983
  O (locus [neo]typicus: Kremsmünster)

Familie Litonotidae KENT, 1882

Gattung *Acineria* DUJARDIN, 1841

Acineria incurvata DUJARDIN, 1841
  B, K, N, O, S, W

Acineria punctata SONG & WILBERT, 1989
  O

Acineria uncinata TUCOLESCO, 1962
  K, N, O, S

Gattung *Litonotus* WRZESNIOWSKI, 1870

Litonotus alpestris FOISSNER, 1978
  O, S (locus typicus: Glocknergebiet, Fuscherlacke)

Litonotus anguilloides SRÁMEK-HUSEK, 1957
  O, W

Litonotus carinatus STOKES, 1885
  O

Litonotus crystallinus (VUXANOVICI, 1960) FOISSNER et al., 1995
  O, S

Litonotus cygnus (MÜLLER, 1773) FOISSNER et al., 1995
  K, N, O, S, T, W

Litonotus fusidens (KAHL, 1926) FOISSNER et al., 1995
> N, O

Litonotus lamella (MÜLLER, 1773) SCHEWIAKOFF, 1886
> B, K, N, O, S, W

Litonotus muscorum (KAHL, 1931) BLATTERER & FOISSNER, 1988
> B, N, O, S

Litonotus obtusus MAUPAS, 1888
> O

Litonotus trichocystiferus FOISSNER, 1984
> O, S (locus typicus: Salzburg, Hellbrunner-Bach)

Litonotus uninucleatus FOISSNER, 1978
> O, S (locus typicus: Glocknergebiet, Fuscherlacke)

Litonotus varsaviensis (WRZESNIOWSKI, 1866) WRZESNIOWSKI, 1870
> N, O, S

Familie Loxophyllidae FOISSNER & LEIPE, 1995

Gattung *Loxophyllum* DUJARDIN, 1841

Loxophyllum helus (STOKES, 1884) PENARD, 1922
> K, N, O, S

Loxophyllum meleagris (MÜLLER, 1773) DUJARDIN, 1841
> O, S, T, W

Loxophyllum semilunare VUXANOVICI, 1959
> O

Gattung *Siroloxophyllum* FOISSNER & LEIPE, 1995

Siroloxophyllum utricularium (PENARD, 1922) FOISSNER & LEIPE, 1995
> O, W

Unterklasse **Trichostomatia** Bütschli, 1889

Ordnung Vestibuliferida Puytorac et al., 1974

Familie Balantidiidae Reichenow in Doflein & Reichenow, 1929

Gattung *Balantidium* Claparède & Lachmann, 1858

Balantidium coli (Malmsten, 1857) Stein, 1863
  B, T

Balantidium nucleus (Schrank, 1803) Kent, 1881
  W

Ordnung Cyclotrichida Jankowski, 1980

Familie Mesodiniidae Jankowski, 1980

Gattung *Askenasia* Blochmann, 1895

Askenasia acrostomia Krainer & Foissner, 1990
  K, O, S, St (locus typicus: Tillmitscher Baggerseen, südl. Graz)

Askenasia chlorelligera Krainer & Foissner, 1990
  K, O, St (locus typicus: Tillmitscher Baggerseen, südl. Graz)

Askenasia volvox (Eichwald, 1852) Blochmann, 1895
  K, O, S, St (locus [neo]typicus: Tillmitscher Baggerseen, südl. Graz)

Gattung *Cyclotrichium* Meunier, 1910

Cyclotrichium viride Gajewskaja, 1933
  S

Gattung *Mesodinium* Stein, 1863

Mesodinium acarus Stein, 1867
  K, O, T, W

Mesodinium pulex (Claparède & Lachmann, 1859) Stein, 1867
  O, S

Gattung *Pelagovasicola* Jankowski, 1980

Pelagovasicola cinctus (Voigt, 1901) Jankowski, 1980
  S, St (locus [neo]typicus: Tillmitscher Baggerseen, südl. Graz)

Gattung *Rhabdoaskenasia* KRAINER & FOISSNER, 1990

Rhabdoaskenasia minima KRAINER & FOISSNER, 1990
  K, O, St (locus typicus: Tillmitscher Baggerseen, südl. Graz)

Ordnung Pseudoholophryida FOISSNER & FOISSNER, 1988

Familie Pseudoholophryidae BERGER, FOISSNER & ADAM, 1984

Gattung *Ovalorhabdos* FOISSNER, 1984

Ovalorhabdos sapropelica FOISSNER, 1984
  O, T (locus typicus: Amlach)

Gattung *Paraenchelys* FOISSNER, 1983

Paraenchelys brachyarmata FOISSNER, AGATHA & BERGER, 2002
  B, N

Paraenchelys spiralis FOISSNER, 1983
  O, S (locus typicus: Glocknergebiet, Hochmaisalm)

Paraenchelys terricola FOISSNER, 1984
  B, N (locus typicus: Bierbaum), S

Paraenchelys wenzeli FOISSNER, 1984
  N, S

Gattung *Pseudoholophrya* BERGER, FOISSNER & ADAM, 1984

Pseudoholophrya terricola BERGER FOISSNER & ADAM, 1984
  B, N, O, S (locus typicus: Bad Hofgastein, Schlossalm)

Klasse PHYLLOPHARYNGEA PUYTORAC et al., 1974

Unterklasse Cyrtophoria FAURÉ-FREMIET in CORLISS, 1956

Ordnung Chlamydodontida DEROUX, 1976

Familie Chilodonellidae DEROUX, 1970

Gattung *Alinostoma* JANKOWSKI, 1980

Alinostoma burkli BLATTERER & FOISSNER, 1990
  O

E. Aescht

Gattung *Chilodonella* STRAND, 1928

Chilodonella cyprini (MOROFF, 1902) KAHL, 1931
N, O

Chilodonella hexasticha (KIERNIK, 1909) KAHL, 1931
N

Chilodonella labiata (STOKES, 1891) KAHL, 1931
K

Chilodonella schewiakoffi (SCHOUTEDEN, 1906) KAHL, 1931
N

Chilodonella uncinata (EHRENBERG, 1838) STRAND, 1928
B, K, N, O, S (locus [neo]typicus: Glocknergebiet, Hexenküche), St, W

Gattung *Odontochlamys* CERTES, 1891

Odontochlamys alpestris alpestris FOISSNER, 1981
B, K (locus typicus: Glocknergebiet, Wallackhaus), N, O, S

Odontochlamys alpestris biciliata FOISSNER, AGATHA & BERGER, 2002
N

Odontochlamys gouraudi CERTES, 1891
N (locus [neo]typicus: Baumgarten), O, S

Gattung *Phascolodon* STEIN, 1859

Phascolodon vorticella STEIN, 1859
O, S, T

Gattung *Pseudochilodonopsis* FOISSNER, 1979

Pseudochilodonopsis algivora (KAHL, 1931) FOISSNER, 1979
K, O, S (locus [neo]typicus: Glocknergebiet, Hexenküche)

Pseudochilodonopsis caudata (PERTY, 1852) BLATTERER & FOISSNER, 1990
O

Pseudochilodonopsis fluviatilis FOISSNER, 1988
K, O, S, T (locus typicus: Lienz)

Pseudochilodonopsis kloiberi FOISSNER, 1979
K (locus typicus: Glocknergebiet, Wallackhaus), S

Pseudochilodonopsis mutabilis FOISSNER, 1981
B, K, N, O, S (locus typicus: Glocknergebiet, Hochtor), St, T

Pseudochilodonopsis piscatoris (BLOCHMANN, 1895) FOISSNER, 1979
    K, O, S

Pseudochilodonopsis polyvacuolata FOISSNER & DIDIER, 1981
    B, N, O

Pseudochilodonopsis similis SONG & WILBERT, 1989
    O

Gattung *Thigmogaster* DEROUX, 1976

Thigmogaster oppositevacuolatus AUGUSTIN & FOISSNER, 1989
    O, S (locus typicus: Rußbach)

Thigmogaster potamophilus FOISSNER, 1988
    K, N, O, T (locus typicus: Lienz)

Gattung *Trithigmostoma* JANKOWSKI, 1967

Trithigmostoma alpestris FOISSNER, 1979
    S (locus typicus: Glocknergebiet, Piffkaralm)

Trithigmostoma bavariensis (KAHL, 1931) BUITKAMP, 1977
    N, O, S

Trithigmostoma cucullulus (MÜLLER, 1786) JANKOWSKI, 1967
    B, K, N, O, S, T, W

Trithigmostoma marginatus (SRÁMEK-HUSEK, 1957) BUITKAMP, 1977
    O, W

Trithigmostoma pituitosum FOISSNER, 1979
    K (locus typicus: Glocknergebiet, Margritzenstausee), S

Trithigmostoma srameki FOISSNER, 1988
    O (locus [neo]typicus: Traun bei Steyrermühl), S

Trithigmostoma steini (BLOCHMANN, 1895) FOISSNER, 1988
    O, S

Familie Gastronautidae DEROUX, 1994

Gattung *Gastronauta* ENGELMANN in BÜTSCHLI, 1889

Gastronauta aloisi OBERSCHMIDLEITNER & AESCHT, 1996
    O (locus typicus: Asten bei Linz)

Gastronauta derouxi BLATTERER & FOISSNER, 1992
    O, S

Gastronauta membranaceus ENGELMANN in BÜTSCHLI, 1889
　　N, O, S

Gattung *Paragastronauta* FOISSNER, 2001

Paragastronauta clatratus (DEROUX, 1976) FOISSNER, 2001
　　O

Familie Lynchellidae JANKOWSKI, 1968

Gattung *Chlamydonella* PETZ, SONG & WILBERT, 1995

Chlamydonella alpestris FOISSNER, 1979
　　K, N, O, S (locus typicus: Glocknergebiet, Fuscherlacke)

Chlamydonella minuta PÄTSCH, 1974
　　O

Chlamydonella rostrata (VUXANOVICI, 1963) SONG & WILBERT, 1989
　　O, S

Gattung *Chlamydonellopsis* BLATTERER & FOISSNER, 1990

Chlamydonellopsis plurivacuolata BLATTERER & FOISSNER, 1990
　　O, S

Chlamydonellopsis polonica (FOISSNER, CZAPIK & WIACKOWSKI, 1981) BLATTERER & FOISSNER, 1990
　　O

Gattung *Wilbertella* GONG & SONG, 2006

Wilbertella distyla (WILBERT, 1971) GONG & SONG, 2006
　　O

Ordnung Dysteriida DEROUX, 1994

Familie Dysteriidae CLAPARÈDE & LACHMANN, 1858

Gattung *Dysteria* HUXLEY, 1857

Dysteria fluviatilis (STEIN, 1859) BLOCHMANN, 1895
　　K, N

Dysteria navicula KAHL, 1928
　　O

Dysteria scultellum Wilbert, 1971
O

Gattung *Orthotrochilia* Song, 2003

Orthotrochilia agamalievi Deroux, 1976
O

Familie Hartmannulidae Poche, 1913

Gattung *Trochilioides* Jankowski, 2007

Trochilioides fimbriata Foissner, 1984
O (locus typicus: Traun bei Steyrermühl)

Trochilioides recta (Kahl, 1928) Jankowski, 2007
B, O

Familie Trochiliidae Deroux, 1994

Gattung *Trochilia* Dujardin, 1841

Trochilia minuta (Roux, 1899) Kahl, 1931
B, K, N, O, S, W

Trochilia palustris Stein, 1859
N, T

Unterklasse Chonotrichia Wallengren, 1895

Ordnung Exogemmida Jankowski, 1972

Familie Spirochonidae Stein, 1854

Gattung *Spirochona* Stein, 1852

Spirochona gemmipara Stein, 1852
O

Unterklasse **Suctoria** CLAPARÈDE & LACHMANN, 1858

Ordnung Exogenida COLLIN, 1912

Familie Allantosomatidae JANKOWSKI, 1967

Gattung *Allantosoma* GASSOVSKY, 1919

Allantosoma lineare STRELKOW, 1939
S

Familie Loricophryidae JANKOWSKI, 1978

Gattung *Loricophrya* MATTHES, 1956

Loricophrya lauterborni (SONDHEIM, 1929) CURDS, 1987
B, N, O, S

Familie Manuelophryidae DOVGAL, 2002

Gattung *Mistarcon* JANKOWSKI, 1997

Mistarcon parasitica (NOZAWA, 1939) JANKOWSKI, 1997
O

Familie Metacinetidae BÜTSCHLI, 1889

Gattung *Metacineta* BÜTSCHLI, 1889

Metacineta mystacina (EHRENBERG, 1831) BÜTSCHLI, 1889
K, O, S, T, W

Familie Ophryodendridae STEIN, 1867

Gattung *Schizactinia* JANKOWSKI, 1967

Schizactinia multiramosa (WETZEL, 1953) JANKOWSKI, 1967
K, S

Familie Parapodophryidae JANKOWSKI, 1973

Gattung *Parapodophrya* KAHL, 1931

Parapodophrya soliformis (LAUTERBORN, 1908) KAHL, 1931
O, S

Familie Podophryidae HAECKEL, 1866

Gattung *Multifasciculatum* GOODRICH & JAHN, 1943

Multifasciculatum elongatum (CLAPARÈDE & LACHMANN, 1859) GOODRICH & JAHN, 1943
> T

Gattung *Podophrya* EHRENBERG, 1834

Podophrya bivacuolata FOISSNER, 2004
> O (locus typicus: Enns-Fluss, nahe Donau-Mündung)

Podophrya fixa (MÜLLER, 1786) EHRENBERG, 1834
> O, S, T, W

Podophrya libera PERTY, 1852
> O, T

Podophrya niphargi STROUHAL, 1939
> K (locus typicus: Eggerloch bei Villach)

Podophrya stylonychiae (KENT, 1882) MATTHES, 1971
> K, O, S

Podophrya tristriata FOISSNER, AGATHA & BERGER, 2002
> B, N

Podophrya urostylae (MAUPAS, 1881) MATTHES, 1988
> O

Gattung *Sphaerophrya* CLAPARÈDE & LACHMANN, 1859

Sphaerophrya canelli CLEMENT, 1967
> O

Sphaerophrya epizoica HAMMANN, 1952
> O

Sphaerophrya magna MAUPAS, 1881
> O, T

Sphaerophrya parurolepti FOISSNER, 1980
> K (locus typicus: Glocknergebiet, Wallackhaus)

Sphaerophrya stentoris MAUPAS, 1881
> O

Sphaerophrya terricola FOISSNER, 1986
> N (locus typicus: Bierbaum), S

Ordnung Endogenida COLLIN, 1912

Familie Acinetidae STEIN, 1859

Gattung *Acineta* EHRENBERG, 1834

Acineta compressa CLAPARÈDE & LACHMANN, 1859
O

Acineta flava KELLICOTT, 1885
O

Acineta fluviatilis STOKES, 1885
O

Acineta tuberosa EHRENBERG, 1834
O, S

Familie Dendrosomatidae FRAIPONT, 1878

Gattung *Dendrosoma* EHRENBERG, 1837

Dendrosoma radians EHRENBERG, 1837
O, S, T

Familie Pseudogemmidae JANKOWSKI, 1978

Gattung *Pseudogemma* COLLIN, 1909

Pseudogemma fraiponti COLLIN, 1909
O

Familie Solenophryidae JANKOWSKI, 1981

Gattung *Solenophrya* CLAPARÈDE & LACHMANN, 1859

Solenophrya crassa CLAPARÈDE & LACHMANN, 1859
N, T

Familie Tokophryidae JANKOWSKI in SMALL & LYNN, 1985

Gattung *Brachyosoma* BATISSE, 1975

Brachyosoma brachypoda mucosa FOISSNER, 1999
N, S

Gattung *Tokophrya* Bütschli, 1889

Tokophrya carchesii (Claparède & Lachmann, 1859) Bütschli, 1889
O, S, T

Tokophrya cyclopum (Claparède & Lachmann, 1859) Bütschli, 1889
O, T

Tokophrya infusionum (Stein, 1859) Bütschli, 1889
O, S, T

Tokophrya lemnarum (Stein, 1859) Entz, 1903
O, S, T

Tokophrya quadripartita (Claparède & Lachmann, 1859) Bütschli, 1889
O, T

Tokophrya stammeri Strouhal, 1939
K (locus typicus: Eggerloch bei Villach)

Familie Trichophryidae Fraipont, 1878

Gattung *Staurophrya* Zacharias, 1893

Staurophrya elegans Zacharias, 1893
O

Gattung *Trichophrya* Claparède & Lachmann, 1859

Trichophrya epistylidis Claparède & Lachmann, 1859
T

Trichophrya melosirae (Gajewskaja, 1933) Dovgal, 2002
O

Ordnung Evaginogenida Jankowski in Corliss, 1979

Familie Dendrocometidae Haeckel, 1866

Gattung *Dendrocometes* Stein, 1852

Dendrocometes paradoxus Stein, 1852
O, T

Familie Discophryidae CÉPÈDE, 1910

Gattung *Discophrya* LACHMANN, 1859

Discophrya cothurnata (WEISSE, 1847) DOVGAL, 2002
    T

Discophrya cylindrica (PERTY, 1852) DOVGAL, 2002
    T

Discophrya laccophili MATTHES, 1954
    O

Familie Enchelyomorphidae AUGUSTIN & FOISSNER, 1992

Gattung *Enchelyomorpha* KAHL, 1930

Enchelyomorpha vermicularis (SMITH, 1899) KAHL, 1930
    N, O, S (locus [neo]typicus: Abtenau)

Familie Heliophryidae CORLISS, 1979

Gattung *Heliophrya* SAEDELEER & TELLIER, 1930

Heliophrya minima RIEDER, 1936
    O, S

Heliophrya rotunda (HENTSCHEL, 1916) MATTHES, 1954
    S

Familie Periacinetidae JANKOWSKI, 1978

Gattung *Periacineta* COLLIN, 1909

Periacineta buckei (KENT, 1881) COLLIN, 1909
    O

Familie Prodiscophyridae JANKOWSKI, 1978

Gattung *Prodiscophrya* KORMOS, 1935

Prodiscophrya collini (ROOT, 1914) KORMOS, 1935
    S, T

Klasse NASSOPHOREA SMALL & LYNN, 1981

Ordnung Synhymeniida PUYTORAC et al., 1974

Familie Nassulopsidae DEROUX in CORLISS, 1979

Gattung *Nassulopsis* FOISSNER, BERGER & KOHMANN, 1994

Nassulopsis elegans (EHRENBERG, 1834) FOISSNER, BERGER & KOHMANN, 1994
B, K, N, O, S, T

Nassulopsis muscicola (KAHL, 1931) FOISSNER, BERGER & KOHMANN, 1994
T (locus typicus: Zillertal)

Nassulopsis paucivacuolata (FOISSNER, 1979) FOISSNER, BERGER & KOHMANN, 1994
S (locus typicus: Glocknergebiet, Hochmaisalm)

Familie Orthodonellidae JANKOWSKI, 1968

Gattung *Zosterodasys* DEROUX, 1978

Zosterodasys transversa (KAHL, 1928) FOISSNER, BERGER & KOHMANN, 1994
O

Familie Scaphidiodontidae DEROUX in CORLISS, 1979

Gattung *Chilodontopsis* BLOCHMANN, 1895

Chilodontopsis depressa (PERTY, 1852) BLOCHMANN, 1895
K, O, S

Chilodontopsis muscorum KAHL, 1931
N, O, S (locus [neo]typicus: Bad Gastein, Stubnerkogel), St

Chilodontopsis planicaudata SONG & WILBERT, 1989
O

Chilodontopsis transversa KAHL, 1928
O

Chilodontopsis vorax (STOKES, 1887) KAHL, 1931
B

Ordnung Nassulida JANKOWSKI, 1967

Familie Furgasoniidae CORLISS, 1979

Gattung *Furgasonia* JANKOWSKI, 1964

Furgasonia blochmanni (FAURE-FREMIET, 1967) JANKOWSKI, 1964
> O, S (locus [neo]typicus: Koppler Moor)

Furgasonia rubens PERTY, 1852
> K, O, S

Furgasonia theresae (FABRE-DOMERGUE, 1891) FOISSNER, AGATHA & BERGER, 2002
> K, O, S (locus [neo]typicus: Salzburg, Donnenberg Park, "Krauthügel")

Gattung *Parafurgasonia* FOISSNER & ADAM, 1981

Parafurgasonia sorex (PENARD, 1922) FOISSNER & ADAM, 1981
> N (locus [neo]typicus: Baumgarten), O, S

Parafurgasonia terricola FOISSNER, 1999
> B, N, O, S, T

Gattung *Urliella* FOISSNER, 1989

Urliella terricola FOISSNER, 1989
> N (locus typicus: Obersiebenbrunn)

Familie Nassulidae FROMENTEL, 1874

Gattung *Nassula* EHRENBERG, 1834

Nassula citrea KAHL, 1931
> O

Nassula lateritia CLAPARÈDE & LACHMANN, 1859
> N

Nassula longinassa FOISSNER, 1979
> K, S (locus typicus: Glocknergebiet, Schareck)

Nassula minima MINKIEWICZ, 1899
> K, S

Nassula ornata EHRENBERG, 1834
> K, N, O, S (locus [neo]typicus: Salzburg, Peterweiher), T, W

Nassula rotunda GELEI, 1950
> K, S

Nassula terricola Foissner, 1989
S (locus typicus: Salzburg Stadtgebiet)

Gattung *Nassulides* Foissner, Agatha & Berger, 2002

Nassulides pictus (Greeff, 1888) Foissner, Agatha & Berger, 2002
K, N, O, S

Nassulides vernalis (Gelei & Szabados, 1950) Foissner, Agatha & Berger, 2002
O, S (locus [neo]typicus: Koppler Moor)

Gattung *Obertrumia* Foissner & Adam, 1981

Obertrumia aurea (Ehrenberg, 1834) Foissner, 1987
K, N, O, S, W

Obertrumia georgiana (Dragesco, 1972) Foissner & Adam, 1981
S (locus [neo]typicus: Obertrumer-See)

Obertrumia gracilis Foissner, 1989
S (locus typicus: Koppler Moor)

Ordnung Microthoracida Jankowski, 1967

Familie Microthoracidae Wrzesniowski, 1870

Gattung *Drepanomonas* Fresenius, 1858

Drepanomonas exigua bidentata Foissner, 1999
N, O, S, St

Drepanomonas exigua exigua Penard, 1922
B, N, O, S (locus [neo]typicus: Thumersbach, Zell am See, Hanneck Kogel)

Drepanomonas lunaris Foissner, 1979
S (locus typicus: Glocknergebiet, Fuscherlacke)

Drepanomonas muscicola Foissner, 1987
B, K (locus typicus: Glocknergebiet, Elisabethfelsen), N, S, St

Drepanomonas obtusa Penard, 1922
W

Drepanomonas pauciciliata Foissner, 1987
B, N, S, St

Drepanomonas revoluta Penard, 1922
B, K, N, O, S (locus [neo]typicus: Seekirchen), St

Drepanomonas sphagni KAHL, 1931
    B, N, S (locus [neo]typicus: Salzburg Stadtgebiet)

Gattung *Leptopharynx* MERMOD, 1914

Leptopharynx costatus costatus MERMOD, 1914
    B, K, N, O, S (locus [neo]typicus: Glocknergebiet, Hexenküche), St, T

Leptopharynx eurystomus (KAHL, 1931) FOISSNER & FOISSNER, 1988
    T (locus typicus: Zillertal)

Leptopharynx sphagnetorum (LEVANDER, 1900) FOISSNER et al., 2012
    O

Gattung *Microthorax* ENGELMANN, 1862

Microthorax elegans KAHL, 1931
    T (locus typicus: Zillertal)

Microthorax leptopharyngiformis FOISSNER, 1985
    S (locus typicus: Uttendorf)

Microthorax pusillus ENGELMANN, 1862
    N, O, S (locus [neo]typicus: Siggerwiesen), St

Microthorax simplex FOISSNER, 1985
    O (locus typicus: Lenzing)

Microthorax simulans (KAHL, 1926) KAHL, 1931
    B, N, O, S, St, T

Microthorax sulcatus ENGELMANN, 1862
    T

Microthorax transversus FOISSNER, 1985
    S (locus typicus: Uttendorf)

Microthorax tridentatus PENARD, 1922
    O

Gattung *Stammeridium* WENZEL, 1969

Stammeridium kahli (WENZEL, 1953) FOISSNER, 1985
    B, K, N, S (locus [neo]typicus: Bad Gastein, Stubnerkogel)

Gattung *Trochiliopsis* PENARD, 1922

Trochiliopsis opaca PENARD, 1922
    O

Familie Pseudomicrothoracidae Jankowski, 1967

Gattung *Pseudomicrothorax* Mermod, 1914

Pseudomicrothorax agilis Mermod, 1914
  B, K, O, S

Pseudomicrothorax dubius (Maupas, 1883) Penard, 1922
  O, S

Pseudomicrothorax foliformis Foissner, 1987
  S (locus typicus: Glocknergebiet, Fuschertal)

Ordnung Colpodidiida Foissner, Agatha & Berger, 2002

Familie Colpodidiidae Puytorac et al., 1984

Gattung *Colpodidium* Wilbert, 1982

Colpodidium (Colpodidium) caudatum Wilbert, 1982
  S

Colpodidium (Colpodidium) microstoma Foissner, Agatha & Berger, 2002
  S

Colpodidium (Colpodidium) trichocystiferum Foissner, Agatha & Berger, 2002
  B (locus typicus: Illmitz, Zicklacke)

Colpodidium (Pseudocolpodidium) bradburyarum Foissner, Agatha & Berger, 2002
  S

Klasse COLPODEA Small & Lynn, 1981

Ordnung Bursariomorphida Fernández-Galiano, 1978

Familie Bryometopidae Jankowski, 1980

Gattung *Bryometopus* Kahl, 1932

Bryometopus atypicus Foissner, 1980
  B, S (locus [neo]typicus: Salzburg Stadtgebiet)

Bryometopus chlorelligerus Foissner, 1980
  K, S (locus typicus: Glocknergebiet, Hexenküche)

Bryometopus edaphonus Foissner, 1980
  S (locus typicus: Glocknergebiet, Hexenküche)

Bryometopus magnus (FOISSNER, 1980) FOISSNER, 1993
K (locus typicus: Glocknergebiet, Wallackhaus), S

Bryometopus pseudochilodon KAHL, 1932
K, N, O, S (locus [neo]typicus: Hohe Tauern), St

Bryometopus sphagni (PENARD, 1922) KAHL, 1932
N, O, S

Gattung *Thylakidium* SCHEWIAKOFF, 1893

Thylakidium pituitosum FOISSNER, 1980
K, S (locus typicus: Glocknergebiet, Schareck)

Thylakidium truncatum SCHEWIAKOFF, 1893
B, T

Familie Bursaridiidae FOISSNER, 1993

Gattung *Bursaridium* LAUTERBORN, 1894

Bursaridium pseudobursaria (FAURE-FREMIET, 1924) KAHL, 1927
S, T

Gattung *Paracondylostoma* FOISSNER, 1980

Paracondylostoma setigerum FOISSNER, 1980
S (locus typicus: Glocknergebiet, Hexenküche)

Familie Bursariidae BORY, 1826

Gattung *Bursaria* MÜLLER, 1773

Bursaria truncatella MÜLLER, 1773
K, N, O, S, T, W

Familie Tectohymenidae FOISSNER, 1993

Gattung *Pseudokreyella* FOISSNER, 1985

Pseudokreyella terricola FOISSNER, 1985
N (locus typicus: Baumgarten), S

Familie Trihymenidae FOISSNER, 1988

Gattung *Trihymena* FOISSNER, 1988

Trihymena terricola FOISSNER, 1988
B, N, O, S

Ordnung Colpodida PUYTORAC et al., 1974

Familie Bardelielidae FOISSNER, 1984

Gattung *Bardeliella* FOISSNER, 1984

Bardeliella pulchra FOISSNER, 1984
B (locus typicus: "Hölle" bei Illmitz)

Familie Bryophryidae PUYTORAC, PEREZ-PANIAGUA & PERZE-SILVA, 1979

Gattung *Notoxoma* FOISSNER, 1993

Notoxoma parabryophryides FOISSNER, 1993
B, N, S

Gattung *Parabryophrya* FOISSNER, 1985

Parabryophrya penardi (KAHL, 1931) FOISSNER, 1985
B, N, O, S

Familie Colpodidae BORY, 1826

Gattung *Bresslaua* KAHL, 1931

Bresslaua insidiatrix CLAFF, DEWEY & KIDDER, 1941
S, St

Bresslaua vorax KAHL, 1931
B, N, O, S, T

Gattung *Colpoda* MÜLLER, 1773

Colpoda aspera KAHL, 1926
B, K, N, O, S (locus [neo]typicus: Glocknergebiet), St

Colpoda cucullus MÜLLER, 1773
B, K, N, O, S, St, T, W

Colpoda distincta Smith, 1899
>   N

Colpoda ecaudata (Liebmann, 1936) Foissner et al., 1991
>   N, O, S, T

Colpoda edaphoni Foissner, 1980
>   B, N, O, S (locus typicus: Glocknergebiet, Hochtor)

Colpoda elliotti Bradbury & Outka, 1967
>   B, N (locus [neo]typicus: Tullnerfeld), S, St

Colpoda flavicans Stokes, 1885
>   O

Colpoda henneguyi Fabre-Domergue, 1889
>   B, N (locus [neo]typicus: unbekannt), O, S, St

Colpoda inflata (Stokes, 1884) Kahl, 1931
>   B, K, N (locus [neo]typicus: unbekannt), O, S, St, T

Colpoda lucida Greeff, 1888
>   N, O, S, St

Colpoda maupasi Enriques, 1908
>   B, K, N, O, S, St, T

Colpoda minima (Alekperov, 1985) Foissner, 1993
>   N

Colpoda orientalis Foissner, 1993
>   N

Colpoda ovinucleata Foissner, 1980
>   K (locus typicus: Glocknergebiet, Pfandlscharte), S

Colpoda rotunda (Foissner, 1980) Foissner, 1993
>   S (locus typicus: Glocknergebiet, Hochtor)

Colpoda steinii Maupas, 1883
>   B, K, N, O, S, St, T

Colpoda variabilis Foissner, 1980
>   K (locus typicus: Glocknergebiet, Wallackhaus), N, O, S

Gattung *Idiocolpoda* Foissner, 1993

Idiocolpoda pelobia Foissner, 1993
>   B, N, S

Familie Grossglockneriidae Foissner, 1980

Gattung *Grossglockneria* Foissner, 1980

Grossglockneria acuta Foissner, 1980
K (locus typicus: Glocknergebiet, Wallackhaus), N, O, S, St

Grossglockneria hyalina Foissner, 1985
B, N (locus typicus: Bierbaum), O, S

Gattung *Mykophagophrys* Foissner, 1995

Mykophagophrys terricola (Foissner, 1985) Foissner, 1995
N, O, S (locus typicus: Bad Gastein, Stubnerkogel), St, T

Gattung *Nivaliella* Foissner, 1980

Nivaliella plana Foissner, 1980
B, K (locus typicus: Glocknergebiet, Wallackhaus), N, O, S, St, T

Gattung *Pseudoplatyophrya* Foissner, 1980

Pseudoplatyophrya nana (Kahl, 1926) Foissner, 1980
B, K, N, O, S (locus [neo]typicus: Bad Hofgastein), St, T

Pseudoplatyophrya saltans Foissner, 1988
B, N, O, S

Familie Hausmanniellidae Foissner, 1987

Gattung *Avestina* Jankowski, 1980

Avestina ludwigi Aescht & Foissner, 1990
O (locus typicus: Bärenstein im Böhmerwald)

Gattung *Bresslauides* Blatterer & Foissner, 1988

Bresslauides discoideus (Kahl, 1931) Foissner, 1993
T (locus typicus: Zillertal)

Bresslauides terricola (Foissner, 1987) Foissner, 1983
S

Gattung *Hausmanniella* Foissner, 1984

Hausmanniella discoidea (Gellert, 1956) Foissner, 1984
    K, N, O, S (locus [neo]typicus: Bad Gastein, Stubnerkogel)

Hausmanniella patella (Kahl, 1931) Foissner, 1984
    N, St

Gattung *Kalometopia* Bramy, 1962

Kalometopia duplicata (Penard, 1922) Foissner, 1993
    O

Familie Ilsiellidae Bourland et al., 2011

Gattung *Ilsiella* Foissner, 1987

Ilsiella elegans Foissner, Agatha & Berger, 2002
    S

Familie Marynidae Poche, 1913

Gattung *Maryna* Gruber, 1879

Maryna lichenicola (Gelei, 1950) Foissner, 1993
    S

Maryna ovata (Gelei, 1950) Foissner, 1993
    K, S

Maryna socialis Gruber, 1879
    W (locus typicus: unbekannt)

Maryna umbrellata (Gelei, 1950) Foissner, 1993
    S

Gattung *Mycterothrix* Lauterborn, 1898

Mycterothrix tuamotuensis (Balbiani, 1887) Lauterborn, 1898
    T

Familie Tillinidae Foissner et al., 2011

Gattung *Tillina* Gruber, 1879

Tillina magna Gruber, 1879
    B, N, S (locus [neo]typicus: Salzburg, Donnenberg Park, "Krauthügel"), T, W (locus typicus: unbekannt)

Ordnung Cyrtolophosidida Foissner, 1978

Familie Cyrtolophosididae Stokes, 1888

Gattung *Cyrtolophosis* Stokes, 1885

***Cyrtolophosis acuta* Kahl, 1926**
K, N, O, S (locus [neo]typicus: Glocknergebiet), St, T

***Cyrtolophosis elongata* (Schewiakoff, 1892) Kahl, 1931**
N, O, T

***Cyrtolophosis minor* Vuxanovici, 1963**
S

***Cyrtolophosis mucicola* Stokes, 1885**
B, K, N, O, S, St, W

Gattung *Plesiocaryon* Foissner, Agatha & Berger, 2002

***Plesiocaryon elongatum* (Schewiakoff, 1892) Foissner, Agatha & Berger, 2002**
B, N, O, S, St

***Plesiocaryon terricola* Foissner, Agatha & Berger, 2002**
S

Gattung *Pseudocyrtolophosis* Foissner, 1980

***Pseudocyrtolophosis alpestris* Foissner, 1980**
B, K (locus typicus: Glocknergebiet, Wallackhaus), N, O, S, St, T

Familie Kreyellidae Foissner, 1979

Gattung *Kreyella* Kahl, 1931

***Kreyella minuta* Foissner, 1979**
K, O, S (locus typicus: Glocknergebiet, Hexenküche)

***Kreyella muscicola* Kahl, 1931**
S

Gattung *Microdiaphanosoma* Wenzel, 1953

***Microdiaphanosoma arcuatum* (Grandori & Grandori, 1934) Wenzel, 1953**
B, K, N, O, S (locus [neo]typicus: Glocknergebiet), St

Gattung *Orthokreyella* FOISSNER, 1984

Orthokreyella schiffmanni FOISSNER, 1984
   S (locus typicus: Bad Gastein, Stubnerkogel)

Ordnung Platyophryida PUYTORAC, PEREZ-PANIAGUA & PEREZ-SILVA, 1979

Familie Ottowphryidae BRADBURY & OLIVE, 1980

Gattung *Ottowphrya* FOISSNER, AGATHA & BERGER, 2002

Ottowphrya dragescoi (FOISSNER, 1987) FOISSNER, AGATHA & BERGER, 2002
   N

Familie Platyophryidae PUYTORAC, PEREZ-PANIAGUA & PEREZ-SILVA, 1979

Gattung *Platyophrya* KAHL, 1926

Platyophrya citrina FOISSNER, 1980
   K, S (locus typicus: Glocknergebiet, Fuschertörl)

Platyophrya dubia FOISSNER, 1980
   K (locus typicus: Glocknergebiet, Wallackhaus), S

Platyophrya hyalina FOISSNER, 1980
   K, S (locus typicus: Glocknergebiet, Edelweißspitze)

Platyophrya macrostoma FOISSNER, 1980
   K, N, O, S (locus typicus: Glocknergebiet, Hochtor), St, T

Platyophrya paoletti FOISSNER, 1997
   B

Platyophrya similis (FOISSNER, 1980) FOISSNER, 1987
   K, N, S (locus typicus: Glocknergebiet, Hochtor), St

Platyophrya sphagni (PENARD, 1922) FOISSNER, 1993
   O

Platyophrya spumacola hexasticha FOISSNER, AGATHA & BERGER, 2002
   B, N

Platyophrya spumacola spumacola KAHL, 1927
   B, N (locus [neo]typicus: Grafenwörth), O, S

Platyophrya terricola (FOISSNER, 1987) FOISSNER & FOISSNER, 1995
   N (locus typicus: Obersiebenbrunn), O, S

Platyophrya vorax KAHL, 1926
  B, K, N, O, S, St, T

Gattung *Sagittaria* GRANDORI & GRANDORI, 1935

Sagittaria hyalina FOISSNER, CZAPIK & WIACKOWSKI, 1981
  S

Familie Woodruffiidae GELEI, 1954

Gattung *Rostrophrya* FOISSNER, 1993

Rostrophrya camerounensis (NJINE, 1979) FOISSNER, 1993
  O

Gattung *Rostrophryides* FOISSNER, 1987

Rostrophryides africana africana FOISSNER, 1987
  N, S

Rostrophryides australis BLATTERER & FOISSNER, 1988
  O

Gattung *Woodruffides* FOISSNER, 1987

Woodruffides metabolicus (JOHNSON & LARSON, 1938) FOISSNER, 1987
  S

Woodruffides terricola FOISSNER, 1987
  N (locus typicus: Obersiebenbrunn)

Colpodea inc. sed.

Familie Pseudochlamydonellidae BUITKAMP, SONG & WILBERT, 1989

Gattung *Hackenbergia* FOISSNER, 1997

Hackenbergia langae FOISSNER, 1997
  O

Gattung *Pseudochlamydonella* BUITKAMP, SONG & WILBERT, 1989

Pseudochlamydonella rheophila BUITKAMP, SONG & WILBERT, 1989
  O

Klasse PROSTOMATEA SCHEWIAKOFF, 1896

Ordnung Prostomatida SCHEWIAKOFF, 1896

Familie Apsiktratidae FOISSNER, BERGER & KOHMANN, 1994

Gattung *Apsiktrata* FOISSNER, BERGER & KOHMANN, 1994

Apsiktrata gracilis (PENARD, 1922) FOISSNER, BERGER & KOHMANN, 1994
S (locus [neo]typicus: Uttendorf), T

Familie Bursellopsidae JANKOWSKI, 1980

Gattung *Bursellopsis* CORLISS, 1960

Bursellopsis nigricans mobilis (WANG & NIE, 1933) FOISSNER, BERGER &
SCHAUMBURG, 1999
S

Bursellopsis spumosa (SCHMIDT, 1920) CORLISS, 1960
St, W

Bursellopsis truncata (KAHL, 1927) CORLISS, 1960
S

Familie Metacystidae KAHL, 1926

Gattung *Vasicola* TATEM, 1869

Vasicola ciliata TATEM, 1869
S, T

Vasicola lutea KAHL, 1930
S

Ordnung Prorodontida CORLISS, 1974

Familie Balanionidae SMALL & LYNN, 1985

Gattung *Balanion* WULFF, 1919

Balanion planctonicum (FOISSNER, OLEKSIV & MÜLLER, 1990) FOISSNER, BERGER &
KOHMANN, 1994
K, O

Familie Colepidae Ehrenberg, 1838

Gattung *Coleps* Nitzsch, 1827

Coleps elongatus Ehrenberg, 1830
O, S, W

Coleps hirtus hirtus (Müller, 1786) Nitzsch, 1827
B, N, O, S (locus [neo]typicus: Salzburg, Peterweiher), T, W

Coleps hirtus viridis Ehrenberg, 1831
S, W

Coleps quadrispinus Foissner, 1983
S (locus typicus: Glocknergebiet, Fuschertal)

Coleps spetai Foissner, 1984
O, S (locus typicus: Obertrumer See)

Gattung *Nolandia* Small & Lynn, 1985

Nolandia nolandi (Kahl, 1930) Small & Lynn, 1985
K, N, O, S

Gattung *Pinacocoleps* Diesing, 1865

Pinacocoleps incurvus (Ehrenberg, 1834) Diesing, 1865
N

Familie Holophryidae Perty, 1852

Gattung *Holophrya* Ehrenberg, 1831

Holophrya coleps Ehrenberg,1831
O, W

Holophrya discolor Ehrenberg, 1834
N, O, S, W

Holophrya nigricans Lauterborn, 1894
S

Holophrya ovum Ehrenberg, 1831
K, O, S, T

Holophrya saginata Penard, 1922
K, S

Holophrya teres (Ehrenberg, 1834) Foissner, Berger & Kohmann, 1994
B, K, N, O, S, W

Gattung *Pelagothrix* FOISSNER, BERGER & SCHAUMBURG, 1999

Pelagothrix plancticola FOISSNER, BERGER & SCHAUMBURG, 1999
 S (locus typicus: Maria Sorg)

Familie Malacophryidae FOISSNER, 1980

Gattung *Malacophrys* KAHL, 1926

Malacophrys viridis FOISSNER, 1980
 K, S (locus typicus: Salzburg, Peterweiher)

Familie Placidae SMALL & LYNN, 1985

Gattung *Placus* COHN, 1866

Placus luciae (KAHL, 1926) KAHL, 1930
 N, O, S

Placus ovum KAHL, 1926
 O

Familie Plagiocampidae KAHL, 1926

Gattung *Pantotrichum* EHRENBERG, 1830

Pantotrichum lagenula EHRENBERG, 1830
 N, T

Gattung *Paraurotricha* FOISSNER, 1983

Paraurotricha discolor (KAHL, 1930) FOISSNER, 1983
 K, S (locus [neo]typicus: Bad Gastein)

Gattung *Plagiocampa* SCHEWIAKOFF, 1893

Plagiocampa difficilis FOISSNER, 1981
 K, N, S (locus typicus: Glocknergebiet, Hochtor)

Plagiocampa rouxi KAHL, 1926
 K, N (locus [neo]typicus: Grafenwörth), O, S

Familie Prorodontidae KENT, 1881

Gattung *Prorodon* EHRENBERG, 1834

Prorodon armatus CLAPARÈDE & LACHMANN, 1859
 T

Prorodon cinctus FOISSNER, 1983
>S (locus typicus: Glocknergebiet, Hexenküche)

Prorodon ellipticus (KAHL, 1930) FOISSNER, BERGER & KOHMANN, 1994
>O, W

Prorodon niveus EHRENBERG, 1834
>O, T, W

Prorodon vesiculatus KAHL, 1927
>O

Familie Urotrichidae SMALL & LYNN, 1985

Gattung *Longifragma* FOISSNER, 1984

Longifragma obliqua (KAHL, 1926) FOISSNER, 1984
>N

Gattung *Urotricha* CLAPARÈDE & LACHMANN, 1859

Urotricha agilis (STOKES, 1886) KAHL, 1930
>K, N, O, S

Urotricha apsheronica ALEKPEROV, 1984
>O, S

Urotricha castalia MUNOZ, TELLEZ & FERNANDENZ-GALIANO, 1987
>S (locus [neo]typicus: Salzburg, bei Universität)

Urotricha corlissiana SONG, WEIBO & WILBERT, 1989
>K

Urotricha farcta CLAPARÈDE & LACHMANN, 1859
>N, O, S, T

Urotricha furcata SCHEWIAKOFF, 1892
>K, O

Urotricha globosa SCHEWIAKOFF, 1893
>N, S

Urotricha macrostoma FOISSNER, 1983
>K (locus typicus: Glocknergebiet, Wallackhaus), S

Urotricha matthesi matthesi KRAINER, 1995
>St (locus typicus: Tillmitscher Baggerseen, südl. Graz)

Urotricha matthesi tristicha FOISSNER & PFISTER, 1997
>S (locus typicus: Salzburg, bei Universität)

Urotricha ovata KAHL, 1926
> K, O, S

Urotricha pelagica KAHL, 1935
> K, S (locus [neo]typicus: Salzburg, bei Universität)

Urotricha platystoma STOKES, 1886
> N, O, S, T

Urotricha psenneri SONNTAG & FOISSNER, 2004
> O (locus typicus: Traunsee)

Urotricha pseudofurcata KRAINER, 1995
> St (locus typicus: Tillmitscher Baggerseen, südl. Graz)

Urotricha ristoi KRAINER, 1995
> K, St (locus typicus: Tillmitscher Baggerseen, südl. Graz)

Urotricha simonsbergeri FOISSNER, BERGER & SCHAUMBURG, 1999
> S (locus typicus: Salzburg, bei Universität)

Urotricha spetai FOISSNER, 2012
> S (locus typicus: Seidlwinkltal, südlich Rauris)

Urotricha venatrix KAHL, 1935
> O

Klasse PLAGIOPYLEA SMALL & LYNN, 1985

Ordnung Plagiopylida SMALL & LYNN, 1985

Familie Plagiopylidae SCHEWIAKOFF, 1896

Gattung *Plagiopyla* STEIN, 1860

Plagiopyla nasuta STEIN, 1860
> O

Ordnung Trimyemida JANKOWSKI, 1980

Familie Discomorphellidae CORLISS, 1960

Gattung *Discomorphella* CORLISS, 1960

Discomorphella pectinata (LEVANDER, 1893) CORLISS, 1960
> S

Familie Trimyemidae KAHL, 1933

Gattung *Trimyema* LACKEY, 1925

Trimyema compressum LACKEY, 1925
O, S

Ordnung Odontostomatida SAWAYA, 1940

Familie Epalxellidae CORLISS, 1960

Gattung *Epalxella* CORLISS, 1960

Epalxella antiquorum (PENARD, 1922) CORLISS, 1960
O

Epalxella bidens (KAHL, 1932) CORLISS, 1960
B

Epalxella striata (KAHL, 1926) CORLISS, 1960
O

Gattung *Pelodinium* LAUTERBORN, 1908

Pelodinium reniforme LAUTERBORN, 1908
N

Gattung *Saprodinium* LAUTERBORN, 1908

Saprodinium dentatum (LAUTERBORN, 1901) LAUTERBORN, 1908
O, S, W

Saprodinium putrinium LACKEY, 1925
O

Familie Mylestomatidae KAHL in DOFLEIN & REICHENOW, 1929

Gattung *Mylestoma* KAHL, 1928

Mylestoma anatinum (PENARD, 1922) KAHL, 1928
B

Klasse OLIGOHYMENOPHOREA Puytorac et al., 1974

Unterklasse Peniculia Fauré-Fremiet in Corliss, 1956

Ordnung Peniculida Fauré-Fremiet in Corliss, 1956

Familie Clathrostomatidae Kahl, 1926

Gattung *Clathrostoma* Penard, 1922

Clathrostoma viminale Penard, 1922
> N

Familie Frontoniidae Kahl, 1926

Gattung *Disematostoma* Lauterborn, 1894

Disematostoma buetschlii Lauterborn, 1894
> S

Disematostoma colpidioides Gelei, 1954
> O

Gattung *Frontonia* Ehrenberg, 1838

Frontonia acuminata (Ehrenberg, 1834) Bütschli, 1889
> N, O, S, W

Frontonia angusta angusta Kahl, 1931
> O, S (locus [neo]typicus: Puch, St. Jakob a. Thurn)

Frontonia angusta solea Foissner, 1987
> S

Frontonia atra (Ehrenberg, 1834) Bütschli, 1889
> O, S, T, W

Frontonia depressa (Stokes, 1886) Kahl, 1931
> B, N (locus [neo]typicus: Baumgarten), O, S, St, T

Frontonia elliptica Beardsley, 1902
> B, O

Frontonia leucas (Ehrenberg, 1834) Ehrenberg, 1838
> B, N, O, S, T, W

Frontonia rotunda Gelei, 1954
> S

Frontonia solea FOISSNER, 1987
    K (locus typicus: Glocknergebiet, Elisabethfelsen), S

Frontonia terricola FOISSNER, 1987
    N, S, W (locus typicus: Lobau)

Frontonia vernalis (EHRENBERG, 1834) KAHL, 1931
    N, W

Familie Lembadionidae JANKOWSKI in CORLISS, 1979

Gattung *Lembadion* PERTY, 1849

Lembadion bullinum (MÜLLER, 1786) PERTY, 1849
    O, S

Lembadion lucens (MASKELL, 1887) KAHL, 1931
    O, S, W

Lembadion magnum (STOKES, 1887) KAHL, 1931
    O

Familie Maritujidae JANKOWSKI in SMALL & LYNN, 1985

Gattung *Marituja* GAJEWSKAJA, 1928

Marituja pelagica GAJEWSKAJA, 1928
    K, S, St

Familie Parameciidae DUJARDIN, 1840

Gattung *Paramecium* MÜLLER, 1773

Paramecium aurelia-Komplex
    N, O, S, T, W

Paramecium bursaria (EHRENBERG, 1831) FOCKE, 1836
    K, N, O, S, T, W

Paramecium caudatum EHRENBERG, 1834
    B, K, N, O, S, W

Paramecium putrinum CLAPARÈDE & LACHMANN, 1859
    B, K, N, O, S, W

Familie Stokesiidae Roque, 1961

Gattung *Stokesia* Wenrich, 1929

Stokesia vernalis Wenrich, 1929
N, O, S, St (locus [neo]typicus: Tillmitscher Baggerseen, südl. Graz)

Ordnung Urocentrida Puytorac, Grain & Mignot, 1987

Familie Urocentridae Claparède & Lachmann, 1858

Gattung *Urocentrum* Nitzsch, 1827

Urocentrum turbo (Müller, 1786) Nitzsch, 1827
B, K, O, S, T, W

Unterklasse Scuticociliatia Small, 1967

Ordnung Philasterida Small, 1967

Familie Cinetochilidae Perty, 1852

Gattung *Cinetochilum* Perty, 1849

Cinetochilum margaritaceum (Ehrenberg, 1831) Perty, 1849
B, K, N, O, S, T, W

Gattung *Platynematum* Foissner, Berger & Kohmann, 1994

Platynematum sociale (Penard, 1922) Foissner, Berger & Kohmann, 1994
O

Familie Cohnilembidae Kahl, 1933

Gattung *Kahlilembus* Grolière & Couteaux, 1984

Kahlilembus attenuatus (Smith, 1897) Foissner, Berger & Kohmann, 1994
B, N, O, S

Familie Loxocephalidae Jankowski, 1964

Gattung *Balanonema* (Kahl, 1931) Jankowski, 2007

Balanonema sapropelica Foissner, 1978
K (locus typicus: Glocknergebiet, Wallackhaus), S

Gattung *Dexiotricha* STOKES, 1885

Dexiotricha colpidiopsis (KAHL, 1926) PECK, 1974
K, O, S

Dexiotricha granulosa (KENT, 1881) FOISSNER, BERGER & KOHMANN, 1994
O

Dexiotricha polystyla FOISSNER, 1987
S (locus typicus: Glocknergebiet, Hexenküche)

Dexiotricha tranquilla (KAHL, 1926) AUGUSTIN & FOISSNER, 1992
O (locus [neo]typicus: Aspach)

Gattung *Dexiotrichides* KAHL, 1931

Dexiotrichides centralis (STOKES, 1885) KAHL, 1931
S

Gattung *Loxocephalus* EBERHARD, 1862

Loxocephalus lucidus SMITH, 1897
N, T

Loxocephalus luridus EBERHARD, 1862
O, T

Gattung *Sathrophilus* CORLISS, 1960

Sathrophilus muscorum (KAHL, 1931) CORLISS, 1960
B, K, N (locus [neo]typicus: Baumgarten), O, S, St, T

Familie Philasteridae KAHL, 1931

Gattung *Philasterides* KAHL, 1931

Philasterides armatus (KAHL, 1926) KAHL, 1931
O

Familie Pseudocohnilembidae EVANS & THOMPSON, 1964

Gattung *Pseudocohnilembus* EVANS & THOMPSON, 1964

Pseudocohnilembus pusillus (QUENNERSTEDT, 1869) FOISSNER & WILBERT, 1981
B, N, O, S, T

Pseudocohnilembus putrinus (KAHL, 1928) FOISSNER & WILBERT, 1981
    B, K, N, O, S (locus [neo]typicus: Hohe Tauern)

Familie Uronematidae THOMPSON, 1964

Gattung *Homalogastra* KAHL, 1926

Homalogastra setosa KAHL, 1926
    B, K, N (locus [neo]typicus: Baumgarten), O, S, St

Gattung *Uronema* DUJARDIN, 1841

Uronema biceps PENARD, 1922
    O

Uronema marinum DUJARDIN, 1841
    B, N, O, St, W

Uronema nigricans (MÜLLER, 1786) FLORENTIN, 1901
    O

Uronema parduczi FOISSNER, 1971
    B, O (locus typicus: Gaisbach-Wartberg), S, W

Gattung *Uropedalium* KAHL, 1928

Uropedalium pyriforme KAHL, 1928
    B

Familie Urozonidae GROLIÈRE, 1975

Gattung *Urozona* SCHEWIAKOFF, 1889

Urozona buetschlii SCHEWIAKOFF, 1889
    O, S

Ordnung Pleuronematida FAURÉ-FREMIET in CORLISS, 1956

Familie Calyptotrichidae SMALL & LYNN, 1985

Gattung *Calyptotricha* PHILLIPS, 1882

Calyptotricha chlorelligera (LEPSI, 1957) FOISSNER, 1987
    K, O, S

Calyptotricha lanuginosa (PENARD, 1922) WILBERT & FOISSNER, 1980
    K, N, O, S

Familie Conchophthiridae KAHL in DOFLEIN & REICHENOW, 1929

Gattung *Conchophthirus* STEIN, 1861

Conchophthirus acuminatus (CLAPARÈDE & LACHMANN, 1858) STEIN, 1861
O

Conchophthirus anodontae (EHRENBERG, 1838) STEIN, 1861
T

Familie Ctedectomatidae SMALL & LYNN, 1985

Gattung *Ctedoctema* STOKES, 1884

Ctedoctema acanthocryptum STOKES, 1884
K, O, S, W

Familie Cyclidiidae EHRENBERG, 1838

Gattung *Cristigera* ROUX, 1899

Cristigera hammeri WILBERT, 1986
O

Cristigera minor PENARD, 1922
O, S (locus [neo]typicus: Fuschlsee)

Cristigera phoenix PENARD, 1922
B, W

Cristigera setosa KAHL, 1928
B

Gattung *Cyclidium* MÜLLER, 1773

Cyclidium chlorelligerum (LEPSI, 1957) FOISSNER, 1987
K

Cyclidium elongatum CLAPARÈDE & LACHMANN, 1859
K, O, W

Cyclidium glaucoma MÜLLER, 1773
B, K, N, O, S, T, W

Cyclidium heptatrichum SCHEWIAKOFF, 1893
B, O

Cyclidium pellucidum KAHL, 1931
B

Cyclidium versatile PENARD, 1922
    K, S

Gattung *Protocyclidium* ALEKPEROV, 1993

Protocyclidium citrullus (COHN, 1866) FOISSNER, AGATHA & BERGER, 2002
    B, O, W

Protocyclidium muscicola (KAHL, 1931) FOISSNER, AGATHA & BERGER, 2002
    B, K, N, O, S, St, T

Protocyclidium terrenum ALEKPEROV, 1993
    S

Protocyclidium terricola (KAHL, 1931) FOISSNER, AGATHA & BERGER, 2002
    S (locus [neo]typicus: Salzburg Stadtgebiet)

Familie Histiobalantiidae PUYTORAC & CORLISS in CORLISS, 1979

Gattung *Histiobalantium* STOKES, 1886

Histiobalantium bodamicum KRAINER & MÜLLER, 1995
    K, O

Histiobalantium natans CLAPARÈDE & LACHMANN, 1858
    O

Familie Pleuronematidae KENT, 1881

Gattung *Pleuronema* DUJARDIN, 1841

Pleuronema coronatum KENT, 1881
    B, O, S

Pleuronema crassum DUJARDIN, 1841
    K, N, O, T, W

Unterklasse **Hymenostomatia** DELAGE & HÉROUARD, 1896

Ordnung Tetrahymenida FAURÉ-FREMIET in CORLISS, 1956

Familie Deltopylidae SONG & WILBERT, 1989

Gattung *Deltopylum* FAURÉ-FREMIET & MUGARD, 1946

Deltopylum rhabdoides FAURE-FREMIET & MUGARD, 1946
    O

Familie Espejoiidae Puytorac, Grain & Mignot, 1987

Gattung *Espejoia* Bürger, 1908

Espejoia culex (Smith, 1897)
O

Espejoia mucicola Penard, 1922
O, W

Familie Glaucomidae Corliss, 1971

Gattung *Dichilum* Schewiakoff, 1893

Dichilum platessoides Faure-Fremiet, 1924
W

Gattung *Epenardia* Corliss, 1971

Epenardia myriophylli (Penard, 1922) Corliss, 1971
N, O

Gattung *Glaucoma* Ehrenberg, 1830

Glaucoma macrostoma Schewiakoff, 1889
O, W

Glaucoma reniforme Schewiakoff, 1892
O

Glaucoma scintillans Ehrenberg, 1830
K, N, O, S, T, W

Glaucoma setosum Schewiakoff, 1892
N

Familie Ichthyophthiriidae Kent, 1881

Gattung *Ichthyophthirius* Fouquet, 1876

Ichthyophthirius multifiliis Fouquet, 1876
O

Familie Spirozonidae KAHL, 1926

Gattung *Spirozona* KAHL, 1926

Spirozona caudata KAHL, 1926
  O, T

Gattung *Stegochilum* SCHEWIAKOFF, 1893

Stegochilum schoenborni FOISSNER, 1985
  O, T (locus typicus: Lienz)

Familie Tetrahymenidae CORLISS, 1952

Gattung *Colpidium* STEIN, 1860

Colpidium colpoda (LOSANA, 1829) GANNER & FOISSNER, 1989
  B, K, N, O (locus [neo]typicus: Ardenberg), S, St, T, W

Colpidium kleini FOISSNER, 1969
  K, O (locus [neo]typicus: Gaisbach-Wartberg), S

Gattung *Dexiostoma* JANKOWSKI, 1967

Dexiostoma campylum (STOKES, 1886) JANKOWSKI, 1967
  B, K, N, O (locus [neo]typicus: Ardenberg), S, W

Gattung *Tetrahymena* FURGASON, 1940

Tetrahymena edaphoni FOISSNER, 1987
  N, S (locus typicus: Glocknergebiet, Guttal)

Tetrahymena patula (EHRENBERG, 1830) CORLISS, 1951
  N, O, S, T, W

Tetrahymena pyriformis-Komplex
  K, O, S, T, W

Tetrahymena rostrata (KAHL, 1926) CORLISS, 1952
  B, K, N, O, S, St

Familie Trichospiridae KAHL, 1926

Gattung *Trichospira* ROUX, 1899

Trichospira inversa (CLAPARÈDE & LACHMANN, 1859) ROUX, 1899
  S

Familie Turaniellidae DIDIER, 1971

Gattung *Paracolpidium* GANNER & FOISSNER, 1989

Paracolpidium truncatum (STOKES, 1885) GANNER & FOISSNER, 1989
K, O (locus [neo]typicus: Ardenberg), S

Gattung *Turaniella* CORLISS, 1960

Turaniella vitrea (BRODSKY, 1925) CORLISS, 1960
O, T

Ordnung Ophryoglenida CANELLA, 1964

Familie Ophryoglenidae KENT, 1881

Gattung *Bursostoma* VÖRÖSVARY, 1950

Bursostoma bursaria VÖRÖSVARY, 1950
O, S (locus [neo]typicus: Salzburg, Salzach)

Gattung *Ophryoglena* EHRENBERG, 1831

Ophryoglena flava EHRENBERG, 1834
O, S, W

Ophryoglena flavicans EHRENBERG, 1831
T

Ophryoglena hemophaga MOLLOY, LYNN & GIAMBERINI, 2005
O

Ophryoglena inquieta KAHL, 1931
B

Ophryoglena media MUGARD, 1949
K, S

Unterklasse **Apostomatia** CHATTON & LWOFF, 1928

Ordnung **Apostomatida** CHATTON & LWOFF, 1928
Familie **Foettingeriidae** CHATTON, 1911
Gattung *Gymnodinioides* MINKIEWICZ, 1912

Gymnodinioides zonatum PENARD, 1922
 O

Unterklasse **Astomatia** SCHEWIAKOFF, 1896

Ordnung **Haptophryida** CÉPÈDE, 1923
Familie **Haptophryidae** CÉPÈDE, 1923
Gattung *Haptophrya* STEIN, 1867

Haptophrya planariarum (SIEBOLD, 1839) STEIN, 1867
 O

Familie **Hoplitophryidae** CHEISSIN, 1930
Gattung *Mesnilella* CÉPÈDE, 1910

Mesnilella clavata (LEIDY, 1855) CÉPÈDE, 1910
 S

Unterklasse **Peritrichia** STEIN, 1859

Ordnung **Sessilida** KAHL, 1933
Familie **Astylozoidae** KAHL, 1935
Gattung *Astylozoon* ENGELMANN, 1862

Astylozoon fallax ENGELMANN, 1862
 T

Astylozoon faurei KAHL, 1935
 O (locus typicus: Gosau), S

Astylozoon vagans (STILLER, 1939) DINGFELDER, 1962
 S

Gattung *Hastatella* ERLANGER, 1890

Hastatella aesculacantha JAROCKI & JACUBOWSKA, 1927
  S

Hastatella radians ERLANGER, 1890
  O, S

Familie Epistylididae KAHL, 1933

Gattung *Apiosoma* BLANCHARD, 1885

Apiosoma piscicola BLANCHARD, 1885
  O

Apiosoma tintinnabulum KENT, 1881
  O, S

Gattung *Campanella* GOLDFUSS, 1820

Campanella umbellaria (LINNAEUS, 1758) GOLDFUSS, 1820
  O, T, W

Gattung *Epistylis* EHRENBERG, 1830

Epistylis alpestris FOISSNER, 1978
  K (locus typicus: Glocknergebiet, Wallackhaus), S

Epistylis anastatica (LINNAEUS, 1767) EHRENBERG, 1831
  O, S, St, W

Epistylis branchiophila PERTY, 1852
  T

Epistylis chrysemydis BISHOP & JAHN, 1941
  O

Epistylis coronata NUSCH, 1970
  O

Epistylis digitalis (LINNAEUS, 1758) EHRENBERG, 1830
  T

Epistylis entzii STILLER, 1935
  O, S

Epistylis galea EHRENBERG, 1831
  N, T

Epistylis hentscheli KAHL, 1935
 O

Epistylis kolbi NENNINGER, 1948
 O

Epistylis lacustris magna NENNINGER, 1948
 N (locus typicus: Marchegg)

Epistylis niagarae KELLICOTT, 1883
 O

Epistylis nympharum ENGELMANN, 1862
 O, S, W

Epistylis plicatilis EHRENBERG, 1831
 O, S, St, W

Epistylis procumbens ZACHARIAS, 1897
 O

Epistylis pygmaeum (EHRENBERG, 1838) FOISSNER, BERGER & SCHAUMBURG, 1999
 O, S, W

Epistylis sommerae SCHÖDEL, 1987
 O

Epistylis variabilis STILLER, 1953
 S

Gattung *Heteropolaria* FOISSNER & SCHUBERT, 1977

Heteropolaria lwoffi (FAURE-FREMIET, 1943) FOISSNER & SCHUBERT, 1977
 O

Gattung *Rhabdostyla* KENT, 1881

Rhabdostyla dubia FOISSNER, 1979
 S (locus typicus: Glocknergebiet, Hochmaisalm)

Rhabdostyla inclinans (MÜLLER, 1773) ROUX, 1901
 O

Rhabdostyla longipes KENT, 1881
 T

Familie Lagenophryidae Bütschli, 1889

Gattung *Lagenophrys* Stein, 1852

Lagenophrys ampulla Stein, 1851
N, O

Lagenophrys nassa Stein, 1851
O

Lagenophrys vaginicola Stein, 1852
T

Familie Operculariidae Fauré-Fremiet in Corliss, 1979

Gattung *Opercularia* Goldfuss, 1820

Opercularia archiorbopercularia Foissner, 1979
K (locus typicus: Glocknergebiet, Elisabethfelsen), S

Opercularia articulata (Linnaeus, 1758) Goldfuss, 1820
K, O, S

Opercularia asellicola Kahl, 1935
O

Opercularia asymmetrica (Biczok, 1956) Aescht & Foissner, 1992
O, T (locus [neo]typicus: Kundl)

Opercularia coarctata (Claparède & Lachmann, 1858) Roux, 1901
N, O, S, T

Opercularia curvicaule (Penard, 1922) Foissner, 1998
B, K, N, O, S, St, T

Opercularia cylindrata Wrzesniowski, 1870
S

Opercularia nutans (Ehrenberg, 1831) Stein, 1854
O, S, T

Opercularia venusta Foissner, 1979
K (locus typicus: Glocknergebiet, Wallackhaus), S

Gattung *Orbopercularia* Guhl, 1979

Orbopercularia nodosa Foissner, 1979
K (locus typicus: Glocknergebiet, Elisabethfelsen), S

Gattung *Propyxidium* CORLISS, 1979

Propyxidium cothurnoides (KENT, 1882) CORLISS, 1979
T

Familie Ophrydiidae EHRENBERG, 1838

Gattung *Gerda* CLAPARÈDE & LACHMANN, 1858

Gerda glans CLAPARÈDE & LACHMANN, 1858
T

Gerda picta (KENT, 1881)
T

Gattung *Ophrydium* BORY, 1824

Ophrydium caudatum PHILLIPS, 1883
S

Ophrydium eutrophicum FOISSNER, 1979
S (locus typicus: Wallersee, ev. auch Fuschlsee)

Ophrydium hyalinum WRZESNIOWSKI, 1877
S (locus [neo]typicus: Salzburg, Moosstraße)

Ophrydium versatile (MÜLLER, 1786) BORY, 1824
K, N, O, S, St, T, W

Familie Opisthonectidae FOISSNER, 1976

Gattung *Opisthonecta* FAURÉ-FREMIET, 1906

Opisthonecta bivacuolata FOISSNER, 1978
S (locus typicus: Glocknergebiet, Hochmaisalm)

Opisthonecta dubia FOISSNER, 1975
O

Opisthonecta henneguyi FAURÉ-FREMIET, 1906
O, S, St

Opisthonecta minima FOISSNER, 1975
N, O (locus typicus: Gaisbach-Wartberg), S

Familie Scyphidiidae BÜTSCHLI, 1889

Gattung *Scyphidia* DUJARDIN, 1841

Scyphidia limacina (MÜLLER, 1773) LACHMANN, 1856
T

Scyphidia physarum LACHMANN, 1856
O, T

Scyphidia rugosa DUJARDIN, 1841
O, T

Familie Telotrochidiidae FOISSNER, 1978

Gattung *Telotrochidium* KENT, 1881

Telotrochidium cylindricum FOISSNER, 1978
K, N, S (locus typicus: Glocknergebiet, Guttal)

Telotrochidium elongatum FOISSNER, 1975
O (locus typicus: Gaisbach-Wartberg)

Telotrochidium johanninae FAURE-FREMIET, 1950
O (locus [neo]typicus: Linz)

Familie Usconophryidae CLAMP, 1991

Gattung *Usconophrys* JANKOWSKI, 1985

Usconophrys aperta (PLATE, 1889) JANKOWSKI, 1985
O

Familie Vaginicolidae FROMENTEL, 1874

Gattung *Cothurnia* EHRENBERG, 1831

Cothurnia annulata STOKES, 1885
O, S

Cothurnia imberbis EHRENBERG, 1831
N, S, W

Cothurnia patula FROMENTEL, 1876
T

Cothurnia vaga (SCHRANK, 1776) EHRENBERG, 1838
O (locus typicus: Linz)

Gattung *Cyclodonta* MATTHES, 1958

Cyclodonta bipartita (STOKES, 1885) MATTHES, 1958
   O, S

Gattung *Platycola* KENT, 1882

Platycola decumbens (EHRENBERG, 1830) KENT, 1882
   O, S, T

Platycola dilatata (FROMENTEL, 1876) KENT, 1882
   T

Gattung *Pyxicola* KENT, 1882

Pyxicola affinis KENT, 1882
   T

Pyxicola carteri KENT, 1882
   W

Pyxicola pusilla KENT, 1882
   T

Gattung *Thuricola* KENT, 1881

Thuricola folliculata KENT, 1881
   O

Thuricola kellicottiana (STOKES, 1887) KAHL, 1935
   N, O

Gattung *Vaginicola* LAMARCK, 1816

Vaginicola crystallina EHRENBERG, 1830
   N, O, S, T, W

Vaginicola ingenita (MÜLLER, 1786)
   O

Vaginicola tincta EHRENBERG, 1830
   O, W

Familie Vorticellidae EHRENBERG, 1838

Gattung *Carchesium* EHRENBERG, 1831

Carchesium cyclopidarum NENNINGER, 1948
O

Carchesium epistylis CLAPARÈDE & LACHMANN, 1858
T

Carchesium polypinum (LINNAEUS, 1758) EHRENBERG, 1831
K, N, O, S, T, W

Gattung *Epicarchesium* JANKOWSKI, 1985

Epicarchesium granulatum (KELLICOTT, 1887) JANKOWSKI, 1985
O, S (locus [neo]typicus: Siggerwiesen)

Epicarchesium pectinatum (ZACHARIAS, 1897) FOISSNER, BERGER & SCHAUMBURG, 1999
S

Gattung *Haplocaulus* WARREN, 1988

Haplocaulus terrenus FOISSNER, 1981
B, N, S (locus typicus: Glocknergebiet, Piffkaralm)

Gattung *Intranstylum* FAURÉ-FREMIET, 1904

Intranstylum eismondi (PENARD, 1905) KAHL, 1935
O

Intranstylum triformum SCHÖDEL, 1983
O

Gattung *Pelagovorticella* JANKOWSKI, 1980

Pelagovorticella mayeri (FAURE-FREMIET, 1923) JANKOWSKI, 1980
S

Pelagovorticella natans (FAURE-FREMIET, 1924) JANKOWSKI, 1985
O, S

Gattung *Pseudocarchesium* SOMMER, 1951

Pseudocarchesium aselli (ENGELMANN, 1862) SOMMER, 1951
O

Pseudocarchesium claudicans (PENARD, 1922) FOISSNER, 1989
B (locus [neo]typicus: "Hölle" bei Illmitz), O

Pseudocarchesium erlangense (NENNINGER, 1948) SOMMER, 1951
N, S

Pseudocarchesium ovatum SOMMER, 1951
O

Pseudocarchesium simulans (PLATE, 1886) SCHÖDEL, 1987
O

Pseudocarchesium steini (PRECHT, 1935) SOMMER, 1951
O

Gattung *Pseudohaplocaulus* WARREN, 1988

Pseudohaplocaulus infravacuolatus FOISSNER & BROZEK, 1996
O, S (locus typicus: Grabensee)

Gattung *Pseudovorticella* FOISSNER & SCHIFFMANN, 1975

Pseudovorticella chlamydophora (PENARD, 1922) JANKOWSKI, 1976
O

Pseudovorticella difficilis magnistriata FOISSNER & SCHIFFMANN, 1975
B (locus typicus: Seewinkel)

Pseudovorticella elongata (FROMENTEL, 1876) LEITNER & FOISSNER, 1987
S (locus [neo]typicus: Siggerwiesen)

Pseudovorticella fasciculata (MÜLLER, 1773) FOISSNER & BROZEK, 1996
O, W

Pseudovorticella margaritata (FROMENTEL, 1876) FOISSNER & SCHIFFMANN, 1975
W

Pseudovorticella monilata (TATEM, 1870) FOISSNER & SCHIFFMANN, 1974
K, O, S, T

Pseudovorticella mutans (PENARD, 1922) FOISSNER, 1979
O, S

Pseudovorticella pseudocampanula FOISSNER, 1979
S (locus typicus: Glocknergebiet, Fuschertörl)

Pseudovorticella quadrata FOISSNER, 1979
S (locus typicus: Glocknergebiet, Fuscherlacke)

Pseudovorticella sauwaldensis FOISSNER & SCHIFFMANN, 1979
O (locus typicus: Sauwald)

Pseudovorticella sphagni FOISSNER & SCHIFFMANN, 1974
K, N, O (locus typicus: Ibmer Moor), S

Gattung *Vorticella* LINNAEUS, 1767

Vorticella abreviata KEISER, 1921
O

Vorticella alpestris FOISSNER, 1979
K (locus typicus: Glocknergebiet, Pfandlscharte), S

Vorticella campanula EHRENBERG, 1831
K, N, O, S, T, W

Vorticella chlorellata STILLER, 1940
O, S (locus [neo]typicus: Grabensee)

Vorticella chlorostigma (EHRENBERG, 1831) EHRENBERG, 1838
O (locus [neo]typicus: Ibmer Moor), S, W

Vorticella citrina MÜLLER, 1773
O, S, T, W

Vorticella constricta DUMAS, 1874
T

Vorticella convallaria-Komplex
B, K, N, O, S, T, W

Vorticella costata SOMMER, 1951
K, S

Vorticella cupifera KAHL, 1935
St

Vorticella (Echinovorticella) echini (KING, 1931) FOISSNER, AGATHA & BERGER, 2002
S

Vorticella extensa KAHL, 1935
O

Vorticella gracilis DUJARDIN, 1841
K, S

Vorticella longifilum KENT, 1881
N, T

Vorticella microstoma-Komplex
B, N, O, S, T, W

Vorticella nutans Müller, 1773
  T

***Vorticella octava*-Komplex**
  B, K, O, S, W

Vorticella operculariformis Foissner, 1979
  K, S (locus typicus: Glocknergebiet, Guttal)

Vorticella picta (Ehrenberg, 1831) Ehrenberg, 1838
  N, O, S

Vorticella putrina Müller, 1786
  T

Vorticella sepulcreti Foissner & Schiffmann, 1975
  St (locus typicus: Haus im Ennstal)

Vorticella similis Stokes, 1887
  B, K, N, O, S (locus [neo]typicus: Glocknergebiet, Hochtor), T, W

Vorticella spectabilis (Kent, 1881) Kahl, 1932
  T

Vorticella striata Dujardin, 1841
  O, T

Vorticella utriculus Stokes, 1885
  O

Vorticella vaga Römer, 1893
  O

Vorticella vernalis Stokes, 1887
  O (locus [neo]typicus: Mondsee)

Gattung *Vorticellides* Foissner et al., 2009

Vorticellides aquadulcis (Stokes, 1887) Foissner et al., 2009
  O (locus [neo]typicus: Mondsee), S

Vorticellides astyliformis (Foissner, 1981) Foissner et al., 2009
  B, K, N, O, S (locus typicus: Glocknergebiet, Hochtor), St

Vorticellides infusionum Dujardin, 1841
  K, N, O, S

Familie Zoothamniidae SOMMER, 1951

Gattung *Zoothamnium* BORY, 1824

Zoothamnium affine STEIN, 1854
O, T

Zoothamnium arbuscula (EHRENBERG, 1831) EHRENBERG, 1838
O, T

Zoothamnium aselli CLAPARÈDE & LACHMANN, 1858
O

Zoothamnium duplicatum KAHL, 1933
O, S

Zoothamnium elegans D'UDEKEM, 1864
N

Zoothamnium gammari KORFSMEIER, 1943
O

Zoothamnium kentii GRENFELL, 1884
O

Zoothamnium parasita STEIN, 1854
B, T

Zoothamnium procerius KAHL, 1935
O

Ordnung Mobilida KAHL, 1933

Familie Trichodinidae CLAUS, 1874

Gattung *Trichodina* EHRENBERG, 1830

Trichodina domerguei megamicronucleata DOGIEL, 1940
O

Trichodina pediculus EHRENBERG, 1831
N, O, S, T, W

Familie Urceolariidae DUJARDIN, 1840

Gattung *Urceolariella* CORLISS, 1977

Urceolariella mitra (SIEBOLD, 1850) CORLISS, 1977
O

2. Problematica

Die hier behandelten Taxa sind weder in AESCHT (2012) noch in der vorangegangenen Liste enthalten.

2.1. Zeitweise als Ciliophora gelistete Arten

Acht Taxa, die aktuell als Flagellaten, Opalinen, Heliozoen oder Rotatorien klassifiziert sind, wurden im CFA sieben "nur der Vollständigkeit halber" im Haupttext angeführt bzw. ein Taxon in einer Anmerkung erwähnt. Da sieben vom Vergleichsbestand zu substrahieren sind bzw. bei den anderen Großgruppen berücksichtigt werden müssen, seien alle nochmals angeführt: *Bursaria intestinalis* (Seite 103), *Enchelys viridis* (Seite 15), *Trachelius trichophorus* (Seite 25), *Acineta stellata* (Seite 41), *Vorticella flosculosa* (Seite 61), *Vorticella rotatoria* (Seite 62), *Epistylis botrytis* (Seite 64) und *Epistylis pusilla* (Seite 65).

2.2. Nomina nuda

Ein Anhang im CFA (Seite 105) enthält 13 Nomina nuda, d. h. ungültig errichtete Namen (*Acineta robusta, Blepharisma roseopersicina, Chilodonella dorsisuprema, Frontonia dubia, Frontonia fusiformis, Holosticha alpestris, Holosticha binucleata, Loxocephalus pelagicus, Metacineta buetschlii* [als *M. bütschlii*], *Nassula transpeisonica, Strombidium viride* var. *planctonicum, Vorticella anabaenae, Vorticella fragilariae*), zu denen auch die "par lapsus", also irrtümlich bezeichnete und ungültig errichtete *Steinia ultricirrata* (Seite 91; derzeit *Cyrtohymena (Cyrtohymena) primicirrata* vgl. BERGER 1999: 300] zu zählen ist; denen mindestens fünf folgten (vgl. Abschnitt II 2.):

a) *Parurosoma granulifera*, derzeit *Allotricha mollis* (sh. BERGER 1999: 262);

b) *Urostyla franzi*, derzeit *Neowallackia franzi* (sh. BERGER 2011: 281);

c) *Semibryophyllum palustre* wird von FOISSNER & XU (2007: 72) erwähnt, die angekündigte Beschreibung ist aber noch nicht erschienen;

d) GRIEBLER et al. (2002: 49) erwähnen eine nie beschriebene *Paramecium luciae* aus dem Traunsee;

e) Bei *Furgasonia rubescens* (BLATTERER in AESCHT 2012: 593, aber nicht in Tabelle 1) handelt es sich möglicherweise um *F. rubens*, eine aktuelle Beschreibung gibt es nicht.

2.3. Nomina oblita, Nomina dubia bzw. Fehlbestimmungen

Im CFA wird *Stentor viridis* als nomen oblitum vorgeschlagen, von der es in Österreich aber keinen Nachweis gibt; *Arachnella globosa* (Seite 79) wird als valid gelistet, zugleich aber Einstufungen als Fehlbestimmung oder Nomen oblitum angemerkt.

Der CFA listet 11 fragwürdige Namen, teils "alte" Fehldeutungen, teils ungenügend dargestellte sogenannte unbestimmbare Taxa (*Nomina dubia*), die in Aescht (2012) nicht mehr repliziert wurden: *Aspidisca lyncaster* (Seite 94, marin); *Balladynella fusiformis* (Seite 82); möglicherweise eine *Cyrtohymena*, bisher weder von Berger noch Foissner behandelt; *Chlamydodon mnemosyne* (Seite 38, marin); *Discophrya linguifera* (Seite 43); *Enchelys infuscata* (Seite 14); *Oxytricha lepus* (Seite 90 mit unsicherem taxonomischem Status eingestuft, wird von Berger (1999: 115f.) für unbestimmbar gehalten); *Paramecium milium* (Seite 49); *Paraspathidium fuscum* (Seite 30, marin); *Pseudokeronopsis rubra* (Seite 86, marin); *Thuricola valvata* (Seite 68, marin); *Uroleptus zignis* (Seite 87, marin); *Vorticella patellina* (Seite 62, marin).

2.4. Arten mit zweifelhaftem Vorkommen in Österreich

Möglicherweise aus Gründen der biogeographischen Wahrscheinlichkeit enthält die Fauna Aquatica Austriaca (herausgegeben von Moog 1995, basierend auf den 4 Revisionen der Ciliaten des Saprobiensystems und ohne spezifische Fundorte) 16 Arten, die nach neueren Erfahrungen von Foissner, nicht in Österreich vorkommen. Teilweise als cf. oder fraglich bezeichnete Meldungen von 11 weiteren Arten aus Österreich nach dem CFA 1988 (bis auf eine übersehene) bedürfen einwandfreier, d.h. präparierter Nachweise:

Blepharisma coeruleum (Moog 1995); *Chaetospira remex* (Moog 1995); *Disematostoma tetraedricum* (Moog 1995); *Enchelyodon elegans* (Moog 1995); *Glaucoma chaetophorae* (Blatterer pers. Mitt.); *Hexotricha caudata* (Moog 1995); *Histriculus vorax* (Moog 1995); *Holophrya simplex* (Varga 1933: 220; fehlt im CFA, nur limnisch, nicht terrestrisch), *Holosticha kessleri* (Moog 1995: 7, Nauwerck 1996: 156; derzeit Synonym der marinen Art *Holosticha gibba*, siehe Berger 2006: 100, 114); *Holosticha sphagni* (Blatterer pers. Mitt., derzeit *Anteholosticha sphagni* siehe Berger 2006: 340), *Litonotus duplocarinatus* (Amt der Oberösterreichischen Landesregierung 1994: 56), *Litonotus duplostriatus* (Amt der Oberösterreichischen Landesregierung 1997a: 106; marin); *Metacineta cuspidata* (Moog 1995); *Metacystis tesselata* (Blatterer pers. Mitt.), *Monochilium ovale* (Amt der Oberösterreichischen Landesregierung 1993: 78), *Ophrydium crassicaule* (Moog 1995); *Ophrydium sessile* (Moog 1995); *Podophrya maupasii* (Moog 1995); *Prorodon* cf. *abietum* (Amt der Oberösterreichischen Landesregierung 1997b: 115); *Pseudoblepharisma tenue* (Moog 1995); *Stylonychia stylomuscorum* (Moog 1995); *Tachysoma bicirratum* (Moog 1995); *Thuricola vasiformis* (Moog 1995); *Tokophrya actinostyla* (Blatterer pers. Mitt.), *Vorticella fromenteli* (Moog 1995); *Vorticella marginata* (Moog 1995).

Entfernt wurden die in Aescht (2012) irrtümlich angeführten Arten *Acineta grandis* (Moog 1995, bisher nur slowakische Donau, vgl. Blatterer 2008), *Paranophrys thompsoni, Plagiopyla simplex* und *Urotricha synuraphaga*, weil diese in Blatterer (2008) lediglich diskutiert und nicht in Oberösterreich beobachtet worden waren und *Proluxophrya vorticelloides* (ohne Erstjahr in Tabelle 1), die irrtümlich für eine temporäre *Acineta* sp. Zuordnung "erhalten" geblieben war sowie *Placus salina* (ohne

E. Aescht

Erstjahr in Tabelle 1; von FOISSNER & MOOG 1992: 102 lediglich als cf. geführt; marin
sh. XU et al. 2005).

IV Literatur

ADL, S.M. et al. [+27 Autoren] 2005: The new higher level classification of eukaryotes
with emphasis on the taxonomy of protists. — J. Euk. Microbiol. **52**: 299–451.

ADL, S.M. et al. [+24 Autoren] 2012: The revised classification of eukaryotes. — J. Euk.
Microbiol. **59**: 429–493.

AESCHT, E. 2001: Catalogue of the generic names of ciliates (Protozoa, Ciliophora). —
Denisia **1**: 1–350.

AESCHT, E. 2008: Annotated catalogue of "type material" of ciliates (Ciliophora) and
some further protists at the Upper Austrian Museum in Linz (Austria) including a
guideline for "typification" of species. — Denisia **23**: 125–234.

AESCHT, E. 2010: Präparationstechniken und Färbungen von Protozoen und Wirbellosen
für die Lichtmikroskopie. — In MULISCH M. & WELSCH U. (Hrsg.): ROMEIS
Mikroskopische Technik, 18. Aufl. — Heidelberg: Spektrum Akad./Springer Verl.,
pp. 339–361.

AESCHT, E. 2012: Wimperlinge (Protista: Ciliophora) aus Oberösterreichs Gemeinden
und 7 weiteren Bundesländern – Daten zur Checkliste der Fauna Österreichs. —
Beitr. Naturk. Oberösterreichs **22**: 83–832.

AESCHT E. & BERGER, H. (Hrsg.) 2008a: The Wilhelm FOISSNER Festschrift. A tribute to an
outstanding protistologist on the occasion of his 60th birthday. — Denisia **23**: 1–462.

AESCHT, E. & BERGER, H. 2008b: Univ.-Prof. Dr. Wilhelm FOISSNER – 60 years: a bio-
graphical sketch and bibliography. — Denisia **23**: 15–46.

AGATHA, S. & STRÜDER-KYPKE, M.C. 2007: Phylogeny of the order Choreotrichida
(Ciliophora, Spirotricha, Oligotrichea) as inferred from morphology, ultrastructure,
ontogenesis, and SSrRNA gene sequences. — Journal of Eukaryotic Microbiology
43: 37–63.

Amt der Oberösterreichischen Landesregierung (Hrsg.) 1993: Ager, Untersuchungen zur
Gewässergüte Stand 1991/1992. — Gewässerschutz Bericht **2**: 1–147.

Amt der Oberösterreichischen Landesregierung (Hrsg.) 1994: Antiesen, Untersuchungen
zur Gewässergüte Stand 1992–1994. — Gewässerschutz Bericht **7**: 1–80.

Amt der Oberösterreichischen Landesregierung (Hrsg.) 1997a: Kleine Mühl, Steinerne
Mühl und Grosse Mühl. Untersuchungen zur Gewässergüte Stand 1992–1996. —
Gewässerschutz Bericht **16**: 1–121.

Amt der Oberösterreichischen Landesregierung (Hrsg.) 1997b: Biologische Güte und
Trophie der Fliessgewässer in Oberösterreich. Entwicklung seit 1996 und Stand
1995/96. — Gewässerschutz Bericht **18**: 1–143.

AUGUSTIN, H., FOISSNER, W. & ADAM, H. 1987: Revision of the genera *Acineria*, *Trimyema*
and *Trochiliopsis* (Protozoa, Ciliophora). — Bull. Br. Mus. nat. Hist. (Zool.) **52**:
197–224.

BERGER, H. 1999: Monograph of the Oxytrichidae (Ciliophora, Hypotrichida). — Monogr. Biologicae **78**: 1–1080.

BERGER, H. 2001: Catalogue of ciliate names: 1. Hypotrichs. — Salzburg: H. Berger Verl., pp. 1–206.

BERGER, H. 2006: Monograph of the Urostyloidea (Ciliophora, Hypotricha). — Monogr. Biologicae **85**: IX, 1–1303.

BERGER, H. 2008: Monograph of the Amphisiellidae and Trachelostylidae (Ciliophora, Hypotricha). — Monogr. Biologicae **88**: XVI, 1–737.

BERGER, H. 2011: Monograph of the Gonostomatidae and Kahliellidae (Ciliophora, Hypotricha). — Monogr. Biologicae **90**: XIV, 1–743.

BERGER H. & AL-RASHEID, K.A.S. 2008: Wilhelm FOISSNER: nomenclatural and taxonomic summary 1967–2007. — Denisia **23**: 65–124.

BERGER, H. & FOISSNER, W. 1988: Revision of *Lamtostyla* BUITKAMP, 1977 and description of *Territricha* nov. gen. (Ciliophora: Hypotrichida). — Zool. Anz. **220**: 113–134.

BERGER, H. & FOISSNER, W. 2003: Illustrated guide and ecological notes to ciliate indicator species (Protozoa, Ciliophora) in running waters, lakes, and sewage plants. — Handbuch Angew. Limnol. 17. Erg.Lfg. **III-2.1**: 1–160.

BERGER, H., FOISSNER, W. & KOHMANN, F. 1997: Bestimmung und Ökologie der Mikrosaprobien nach DIN 38410. — Stuttgart, Jena: Fischer Verl., pp. i–x, 1–291.

BLATTERER, H. 2008: Umfassende Zusammenschau von Freiland-Erkenntnissen über Fließgewässer-Ciliaten (Protozoa, Ciliophora). — Denisia **23**: 337–359.

BLATTERER, H. & FOISSNER, W. 1988: Beitrag zur terricolen Ciliatenfauna (Protozoa: Ciliophora) Australiens. — Stapfia **17**: 1–84.

CHAO, A., LI, P.C., AGATHA, S. & FOISSNER, W. 2006: A statistical approach to estimate soil ciliate diversity and distribution based on data from five continents. — Oikos **114**: 479–493.

CORLISS, J.O. 1998: Classification of protozoa and protists: the current status. — In COOMBS, G.H., VICKERMAN, K., SLEIGH, M.A. & WARREN, A. (eds.): Evolutionary relationships among protozoa. — London: Chapman & Hall, pp. 409–447.

CORLISS, J.O. 2002: Biodiversity and biocomplexity of the protists and an overview of their significant roles in maintenance of our biosphere. — Acta Protozool. **41**: 199–219.

COTTERILL, F.P.D., AL-RASHEID, K. & FOISSNER, W. 2008: Conservation of protists: is it needed at all? — Biodiversity & Conservation **17**: 427–443.

COTTERILL, F.P.D., AUGUSTIN, H., MEDICUS, R. & FOISSNER, W. 2013: Conservation of protists: The Krauthügel pond in Austria. — Diversity **2013**, **5**: 374–392.

DOVGAL, I.V. 2002: Evolution, phylogeny and classification of Suctorea (Ciliophora). — Protistology **2**: 194–270.

DUNTHORN, M., STOECK, T., WOLF, K., BREINER, H.-W. & FOISSNER, W. 2012: Diversity and endemism of ciliates inhabiting Neotropical phytotelmata. — Systematics and Biodiversity **10**: 195–205.

FINLAY, B.J., CORLISS, J.O., ESTEBAN, G. & FENCHEL, T. 1996: Biodiversity at the microbial level: the number of free-living ciliates in the biosphere. — Quart. Rev. Biol. **71**: 221–237.

FINLAY, B.J., ESTEBAN, G. & FENCHEL, T. 1998: Protozoan diversity: converging estimates of the global number of free-living ciliate species. — Protist **149**: 29–37.

FOISSNER, W. 1984: Infraciliatur, Silberliniensystem und Biometrie einiger neuer und wenig bekannter terrestrischer, limnischer und mariner Ciliaten (Protozoa: Ciliophora) aus den Klassen Kinetofragminophora, Colpodea und Polyhymenophora. — Stapfia **12**: 1–165.

FOISSNER, W. 1988a: Taxonomic and nomenclatural revision of SLÁDECEK's list of ciliates (Protozoa: Ciliophora) as indicators of water quality. — Hydrobiologia **166**: 1–64.

FOISSNER, W. 1988b: Gemeinsame Arten in den terricolen Ciliatenfauna (Protozoa: Ciliophora) von Australien und Afrika. — Stapfia **17**: 85–133.

FOISSNER, W. 1993: Colpodea. — Protozoenfauna **4/1**: i–x, 1–798.

FOISSNER, W. 1995: 550 forgotten protist species: the monographs by Abbé E. DUMAS. — Europ. J. Protistol. **31**: 124–126.

FOISSNER, W. 1998: An updated compilation of world soil ciliates (Protozoa, Ciliophora), with ecological notes, new records, and descriptions of new species. — Europ. J. Protistol. **34**: 195–235.

FOISSNER, W. 1999: Protist diversity: estimates of the near-imponderable. — Protist **150**: 363–368.

FOISSNER, W. 2000: Revision of the genera *Gastronauta* ENGELMANN in BÜTSCHLI, 1889 and *Paragastronauta* nov. gen. (Ciliophora: Gastronautidae). — Protozoological Monographs **1**: 63–101.

FOISSNER, W. 2003: Einzeller (Protozoen) : Ein Forschungsfeld mit Zukunft – Salzburg, ein Zentrum der Biodiversitätsforschung. — NOEO **01/2003**: 11–16.

FOISSNER, W. 2006: Biogeography and dispersal of micro-organisms: a review emphasizing protists. — Acta Protozool. **45**: 111–136.

FOISSNER, W. 2007: Dispersal and biogeography of protists: recent advances. — Jpn. J. Protozool. **40**: 1–16.

FOISSNER, W. (Guest ed.) 2008: Protist diversity and geographic distribution. — Biodiversity & Conservation **17**: A1–8+235–443.

FOISSNER, W. 2009: Protista (Einzeller). — In RABITSCH, W. & ESSL, F. (Hrsg.): Endemiten. Kostbarkeiten in Österreichs Pflanzen- und Tierwelt. — Naturwiss. Verein für Kärnten & Umweltbundesamt GmbH, Klagenfurt, Wien, pp. 294–296.

FOISSNER, W. 2012: *Urotricha spetai* nov. spec., a new plankton ciliate (Ciliophora, Protostomatea) from a fishpond in the Seidlwinkel Valley, Rauris, Austrian Central Alps. — Verh. zool.-bot. Ges. Österr. **148/149**: 173–184.

FOISSNER, W. & FOISSNER, I. 1988a: Teil I c: Stamm: Ciliophora. — Catalogus Faunae Austriae **Ic**: 1–147.

FOISSNER, W. & FOISSNER, I. 1988b: The fine structure of *Fuscheria terricola* BERGER et al., 1983 and a proposed new classification of the subclass Haptoria CORLISS, 1974 (Ciliophora, Litostomatea). — Arch. Protistenk. **135**: 213–235.

FOISSNER, W. & MOOG, O. 1992: Die Gewässergüte der Unteren Traun im Spiegel ihrer Wimpertiergesellschaften. — Kataloge des OÖ. Landesmuseums N. F. **54**: 99–107.

FOISSNER, W. & PFISTER, G. 1997: Taxonomic and ecologic revision of urotrichs (Ciliophora, Prostomatida) with three or more caudal cilia, including a user-friendly key. — Limnologica (Berlin) **27**: 311–347.

FOISSNER, W. & WENZEL, F. 2004: Life and legacy of an outstanding ciliate taxonomist, Alfred KAHL (1877–1946), including a facsimile of his forgotten monograph from 1943. — Acta Protozool. (Suppl.) **43**: 3–49.

FOISSNER, W. & WÖLFL, S. 1994: Revision of the genus *Stentor* OKEN (Protozoa, Ciliophora) and description of *S. araucanus* nov. spec. from South American lakes. — J. Plankton Res. **16**: 255–289.

FOISSNER, W. & XU, K. 2007: Monograph of the Spathidiida (Ciliophora, Haptoria). Vol. I: Protospathidiidae, Arcuospathidiidae, Apertospathulidae. — Monogr. Biologicae **81**: i–x, 1–485.

FOISSNER, W., OLEKSIV, I. & MÜLLER, H. 1990: Morphologie und Infraciliatur einiger Ciliaten (Protozoa: Ciliophora) aus stagnierenden Gewässern. — Arch. Protistenk. **138**: 191–206.

FOISSNER, W., BLATTERER, H., BERGER, H. & KOHMANN, F. 1991: Taxonomische und ökologische Revision der Ciliaten des Saprobiensystems – Band I: Cyrtophorida, Oligotrichida, Hypotrichia, Colpodea. — Informationsberichte Bayerischen Landesamtes für Wasserwirtschaft **1/91**: 1–478.

FOISSNER, W., BERGER, H. & KOHMANN, F. 1992: Taxonomische und ökologische Revision der Ciliaten des Saprobiensystems – Band II: Peritrichia, Heterotrichida, Odontostomatida. — Informationsberichte Bayerischen Landesamtes für Wasserwirtschaft **5/92**: 1–502.

FOISSNER, W., BERGER, H. & KOHMANN, F. 1994: Taxonomische und ökologische Revision der Ciliaten des Saprobiensystems – Band III: Hymenostomata, Prostomatida, Nassulida. — Informationsberichte Bayerischen Landesamtes für Wasserwirtschaft **1/94**: 1–548.

FOISSNER, W., BERGER, H., BLATTERER, H. & KOHMANN, F. 1995: Taxonomische und ökologische Revision der Ciliaten des Saprobiensystems – Band IV: Gymnostomatea, *Loxodes*, Suctoria. — Informationsberichte Bayerischen Landesamtes für Wasserwirtschaft **1/95**: 1–540.

FOISSNER, W., BERGER, H. & SCHAUMBURG, J. 1999: Identification and ecology of limnetic plankton ciliates. — Informationsberichte Bayerischen Landesamtes für Wasserwirtschaft **3/99**: 1–793.

FOISSNER, W., AGATHA, S. & BERGER, H. 2002: Soil ciliates (Protozoa, Ciliophora) from Namibia (Southwest Africa), with emphasis on two contrasting environments, the Etosha region and the Namib desert. — Denisia 5: 1–1459.

FOISSNER, W., BERGER, H., XU, K. & ZECHMEISTER-BOLTENSTERN, S. 2005: A huge, undescribed soil ciliate (Protozoa: Ciliophora) diversity in natural forest stands of Central Europe. — Biodiv. Conserv. **14**: 617–701.

FOISSNER, W., CHAO, A. & KATZ, L.A. 2008: Diversity and geographic distribution of ciliates (Protista: Ciliophora). — Biodiversity & Conservation **17**: 345–363.

FOISSNER, W., STOECK, T., AGATHA, S. & DUNTHORN, M. 2011: Intraclass evolution and classification of the Colpodea (Ciliophora). — J. Eukaryot. Microbiol. **58**: 397–415.

FOISSNER, W., MEDICUS, R. & AUGUSTIN, H. 2012: Ein Naturdenkmal für Wimpertierchen! — Natur und Land **98/4**: 6–7.

GANNER, B. & FOISSNER, W. 1989: Taxonomy and ecology of some ciliates (Protozoa, Ciliophora) of the saprobic system. III. Revision of the genera *Colpidium* and *Dexiostoma*, and establishment of a new genus, *Paracolpidium* nov. gen. — Hydrobiologia **182**: 181–218.

GRIEBLER, C., SONNTAG, B., MINDL, B., POSCH, T., KLAMMER, S. & PSENNER, R. 2002: Assessment of the ecological integrity of Traunsee (Austria) via analysis of sediments and benthic microbial communities. — Water Air Soil Pollut.: Focus **2/4**: 33–62.

GROS, P., BAUCH, C., FOISSNER, W., HEISS, E., HIERSCHLAEGER, M., LINDNER, R., LOHMEYER, T., MEDICUS, C., NEUNER, W., OERTEL, A., PFLEGER, H.S., PILSL, P., STOEHER, O., TAURER-ZEINER, C., TUERK, R. & WITTMANN, H. 2012: National Park Hohe Tauern (Rauris, Salzburg) – GEO-Tag der Artenvielfalt. — Abhandlungen der Zoologisch-Botanischen Gesellschaft in Österreich **38**: 1–70.

JANKOWSKI, A.V. 2007: [Phylum Ciliophora DOFLEIN, 1901 – Part] Review of taxa. — In KRYLOW M.V. & FROLOV A.O. (Wiss. Hrsg.): Protista: Handbook on Zoology, Part 2. — St. Petersburg: Nauka, pp. 415–976.

JI, D., SONG, W. & CLAMP, J. 2006: *Pseudovorticella zhengae* n. sp., *P. difficilis* (KAHL, 1933) JANKOWSKI, 1976, and *P. punctata* (DONS, 1918) WARREN, 1987, three marine peritrichous ciliates from north China. — Eur. J. Prot. **42**: 269–279.

KRAINER, K.H. (1999): Vorläufiges Verzeichnis der Wimpertierchen Kärntens. — In ROTTENBURG, T., WIESER, C., MILDNER, P. & HOLZINGER, W.E. (Red.): Rote Liste gefährdeter Tiere Kärntens. — Naturschutz in Kärnten **15**: 665–671.

KRAINER, K.-H. & FOISSNER, W. 1990: Revision of the genus *Askenasia* BLOCHMANN, 1895, with proposal of two new species, and description of *Rhabdoaskenasia minima* n. g., n. sp. (Ciliophora, Cyclotrichida). — J. Protozool. **37**: 414–427.

KREUTZ, M. & FOISSNER, W. 2006: The *Sphagnum* ponds of Simmelried in Germany: a biodiversity hot-spot for microscopic organisms. — Protozoological Monographs (Shaker Verlag) **3**: 1–267.

LYNN, D.H. 2008: The ciliated protozoa – Characterization, classification, and guide to the literature. 3rd edition. — [New York, NY]: Springer, pp. 1–605.

MATIS, D., TIRJAKOVÁ, E. & STLOUKAL, E. 1996: Ciliophora in the database of Slovak Fauna. — Folia Faunistika Slovaka **1**: 3–38.

MOOG, O. (Hrsg.) 1995: Fauna Aquatica Austriaca, Lieferung Mai/95. — Wasserwirtschaftskataster, Bundesministerium f. Land-, Forstwirt., Wien.

NAUWERCK, A. 1996: Trophische Strukturen im Pelagial des meromiktischen Höllerersees (Oberösterreich). — Ber. naturw.-med. Ver. Salzburg **11**: 147–178.

OERTEL, A., WOLF, K., AL-RASHEID, K. & FOISSNER, W. 2008: Revision of the genus *Coriplites* FOISSNER, 1988 (Ciliophora: Haptorida), with description of *Apocoriplites* nov. gen. and three new species. — Acta Protozoologica **47**: 231–246.

PETZ, W. & FOISSNER, W. 1992: Morphology and morphogenesis of *Strobilidium caudatum* (FROMENTEL), *Meseres corlissi* n. sp., *Halteria grandinella* (MÜLLER), and *Strombidium rehwaldi* n. sp., and a proposed phylogenetic system for oligotrichid ciliates (Protozoa, Ciliophora). — J. Protozool. **39**: 159–176.

VARGA, L. 1933: Die Protozoen des Waldbodens. — In FEHÉR D.: Untersuchungen über die Mikrobiologie des Waldbodens. — Berlin: Springer Verl., pp. 179–221.

VĎAČNÝ, P. & FOISSNER, W. 2012: Monograph of the dileptids (Protista, Ciliophora, Rhynchostomatia). — Denisia **31**: 1–529.

VĎAČNÝ, P., ORSI, W., BOURLAND, W.A., SHIMANO, S., EPSTEIN, S.S. & FOISSNER, W. 2011: Morphological and molecular phylogeny of dileptid and tracheliid ciliates: resolution at the base of the class Litostomatea (Ciliophora, Rhynchostomatia). — Europ. J. Protistol. **48**: 295–313.

VÖLKL, W., BLICK, T., KORNACKER, P.M. & MARTENS, H. 2004: Quantitativer Überblick über die rezente Fauna von Deutschland. — Natur Landschaft **79**: 293–295.

WARREN, A. & PAYNTER, J. 1991: A revision of *Cothurnia* (Ciliophora: Peritrichida) and its morphological relatives. — Bull. Br. Mus. nat. Hist. (Zool.) **57**: 17–59.

XU, D., SONG, W. & HU, X. 2005: Notes on two marine ciliates from the yellow sea, China: *Placus salinus* and *Strombidium apolatum* (Protozoa, Ciliophora). — J. Ocean Univ. China **4**: 137–144.

Adresse der Autorin:

Dr. Erna AESCHT
Biologiezentrum des Oberösterreichischen Landesmuseums
J.-W.-Klein-Str. 73
A-4040 Linz
E-Mail: e.aescht@landesmuseum.at